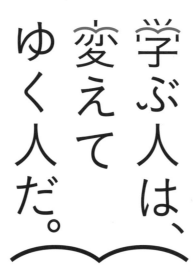

学ぶ人は、
変えて
ゆく人だ。

目の前にある問題はもちろん、

人生の問いや、

社会の課題を自ら見つけ、

挑み続けるために、人は学ぶ。

「学ぶ」

少し

学ぶことができる世の中へ。

旺文社

基礎からの
ジャンプアップノート

数学［I＋A＋II＋B＋ベクトル］

計算
演習ドリル

改訂版

嶋田香 著

旺文社

は じ め に

　「計算力」とは何でしょうか。どうしたら身につけられるのでしょうか。また，早く正確に計算できるようになるためにはどうしていけばよいのでしょうか。このドリルでは，これらの問いに答えるために次のような計算の力を考え，これらを鍛えることを意識して執筆しました。

　　基礎的レベルとして，　　① 公式にあてはめることができる。

　　　　　　　　　　　　　　② 手順にしたがって処理できる。

　　　　　　　　　　　　　　③ 図を利用して確認できる。

　　　　　　　　　　　　　　④ 式の特徴に注目できる。

　　　　　　　　　　　　　　⑤ 基本となる定石を利用できる。

　　これらの発展レベルとして，⑥ いくつかのパターンから解法を選択できる。

　　　　　　　　　　　　　　⑦ 計算の流れをつかんでやりぬくことができる。

　　　　　　　　　　　　　　⑧ 1行1行確認しながら進むことができる。

　　　　　　　　　　　　　　⑨ 計算のミスに気づくことができる。

　　　　　　　　　　　　　　⑩ やり遂げた計算の意味・価値を理解することができる。

　もちろん他にも列挙できるのかもしれませんが，これらの力を意識的に鍛えていくことができれば，その過程で他の力も鍛えられているに違いありません。

　本書の各テーマにおいては，これらの力のうちのどれかをとくに集中的に鍛えようと意図してPOINT を選んだり，問題を選んでいたりします。このため，やさしく感じるテーマがあれば，その力はすでに身につけていることになり，より正確さを増すように心がけていけばよいでしょう。一方，難しく感じるテーマがあるとすれば，計算力として弱い部分があるものと考えられます。このような場合には，問題と解答例を丸写ししてみるのがよい勉強法となることがあります。このドリルでは，上に挙げた計算力を身につけてもらう目的で，解答例をなぞるところがあります。POINT をゆっくり確認しながらなぞってみてください。

　このドリルでは，単なる計算問題のトレーニングで終わらせないように〔参考〕の項を設けています。例えば，図形の分野ではその計算がやり遂げていたことを解説しています。通常の参考書では，図形の設定があってそれに応じた計算をすることになるのですが，本書では計算の部分のみを先にしておいて，実は…，というような構成になっているところもあります。また，入試問題のレベルのすぐ手前にきたときには，その先の内容を予感できるようにしたところもあります。基本的な計算問題の内容がどのように入試レベルにつながっていくのかをつかむことができるものと思います。計算に苦手意識がある場合は，〔参考〕の内容は後回しにしてもかまいません。

　ところで，計算のしかたはわかっているのに，計算ミスが多いという人もいるかもしれません。そのような場合には，

　　　① 見直しは1行ずつするなど，まとめずに，こまめにする。

　　　② 途中式は，省略しすぎないようにする。

　　　③ 計算は，横ではなく，縦に続ける（＝をソロエル）。

というように，小さなことにも気を配れるようになるとよいでしょう。

嶋田 香

この本の特長と使い方

問題編（本冊）の構成

■章立て

本書では，数学Ⅰ・A・Ⅱ・Bの各分野とベクトルの計算力を基礎から身につけることができます。

公式を利用できるようになること，また，計算のコツや手順を理解することを心がけましょう。

■練習問題

例，Check で学んだことを用いて，練習問題を解きましょう。

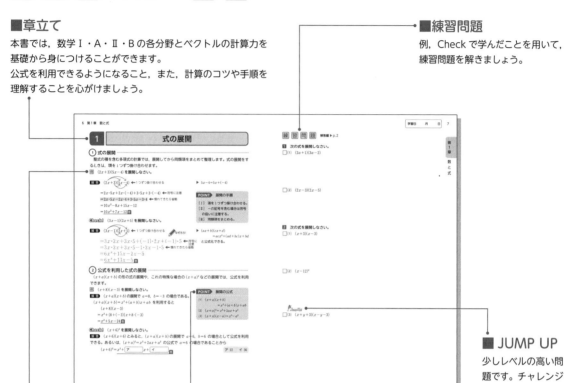

■例，Check

例（手本）を見ながら，Check でまねましょう。

解答をなぞって，自分の手で書き込むことが大切です。

また，解答を丸ごと書き写すことも効果的です。

（⬜の部分は慣れてきたら省略してもよいです。）

■ POINT

問題を解くために必要な公式や重要事項が書いてあります。

■ JUMP UP

少しレベルの高い問題です。チャレンジしてみましょう。

解答編（別冊）の構成

■練習問題の解答

練習問題を解き終えたら，最終的な答が合っているかどうかだけでなく，解答と見比べて，自分の解答に足りない点はないかどうかを確認しましょう。また，解けなかった問題は，解答を丸ごと書き写し，後日，解き直しましょう。

も く じ

著者紹介

嶋田　香 （しまだ　かおる）

1964年茨城県生まれ。早稲田大学理工学部卒業。筑波大学大学院修士課程修了。早稲田大学大学院博士後期課程修了。進化論的計算手法のデータマイニングへの応用に関する研究で博士号取得。『全国大学入試問題正解 数学』（旺文社）の解答執筆者。共通テスト・数学関連の学習書を多数執筆。

1 式の展開

① 式の展開

　整式の積を含む多項式の計算では，展開してから同類項をまとめて整理します。式の展開をするときは，項を1つずつ掛け合わせます。

例　$(2x+3)(5x-4)$ を展開しなさい。

解答　$(2x+3)(5x-4)$　←1つずつ掛け合わせる　　　　▶ $5x-4=5x+(-4)$

$\qquad =2x\cdot 5x+2x\cdot(-4)+3\cdot 5x+3\cdot(-4)$　←符号に注意

$\qquad =2x\cdot 5x-2x\cdot 4+3\cdot 5x-3\cdot 4$　←慣れてきたら省略

$\qquad =10x^2-8x+15x-12$

$\qquad =10x^2+7x-12$ 答

POINT	展開の手順

[Ⅰ]　項を1つずつ掛け合わせる。
[Ⅱ]　−の記号を含む場合は符号の扱いに注意する。
[Ⅲ]　同類項をまとめる。

Check!　$(3x-1)(2x+5)$ を展開しなさい。

解答　$(3x-1)(2x+5)$　←1つずつ掛け合わせる　　なぞろう!　　▶ $(ax+b)(cx+d)$
$\qquad\qquad\qquad\qquad\qquad\qquad\qquad\qquad\qquad\qquad =acx^2+(ad+bc)x+bd$

$=3x\cdot 2x+3x\cdot 5+(-1)\cdot 2x+(-1)\cdot 5$　←符号に注意　　と公式化できる。

$=3x\cdot 2x+3x\cdot 5-1\cdot 2x-1\cdot 5$　←慣れてきたら省略

$=6x^2+15x-2x-5$

$=6x^2+13x-5$ 答

② 公式を利用した式の展開

　$(x+a)(x+b)$ の形の式の展開や，これの特殊な場合の $(x+a)^2$ などの展開では，公式を利用できます。

例　$(x+8)(x-3)$ を展開しなさい。

解答　$(x+a)(x+b)$ の展開で $a=8$，$b=-3$ の場合である。

$(x+a)(x+b)=x^2+(a+b)x+ab$ を利用すると

$\qquad (x+8)(x-3)$

$\quad =x^2+\{8+(-3)\}x+8\cdot(-3)$

$\quad =x^2+5x-24$ 答

POINT	展開の公式

(1)　$(x+a)(x+b)$
$\qquad\qquad =x^2+(a+b)x+ab$
(2)　$(x+a)^2=x^2+2ax+a^2$
(3)　$(x+a)(x-a)=x^2-a^2$

Check!　$(x+6)^2$ を展開しなさい。

解答　$(x+6)(x+6)$ とみると，$(x+a)(x+b)$ の展開で $a=6$，$b=6$ の場合として公式を利用できる。あるいは，$(x+a)^2=x^2+2ax+a^2$ の公式で $a=6$ の場合であることから

$(x+6)^2=x^2+\boxed{\text{ア}\quad}x+\boxed{\text{イ}\quad}$ 答　　　　　ア 12　イ 36

 解答編 ▶ p.2

1 次の式を展開しなさい。

□(1) $(2a+1)(3a-2)$

□(2) $(2x-3)(2x-5)$

2 次の式を展開しなさい。

□(1) $(x+3)(x-3)$

□(2) $(x-12)^2$

JumpUp!
□(3) $(x+y+3)(x-y-3)$

2　因数分解

① たすき掛けによる2次式の因数分解 ここでも役立つ! ▶ 6 ①

$px^2+qx+r=acx^2+(ad+bc)x+bd$ の因数分解では，$ac=p$ となる a, c の組み合わせの候補を先に決めてから，因数分解できるような b, d の組み合わせを，たすき掛けを利用して見つけます。

例　$3x^2-7x-6$ を因数分解しなさい。

解答　$ac=3$, $bd=-6$, $ad+bc=-7$ となる a, b, c, d の組み合わせを見つける。

$a=1$, $c=3$ として，たすき掛けを用いると

$$
\begin{array}{ccc}
1 & -3 & \to -9 \\
3 & 2 & \to 2 \\
\hline
3 & -6 & -7
\end{array}
$$

$b=-3$, $d=2$ のときとわかるので
$$3x^2-7x-6=\underline{(x-3)(3x+2)}\,\text{答}$$

> **POINT**　たすき掛けの手順
>
> $$px^2+qx+r$$
> $$=acx^2+(ad+bc)x+bd$$
> となる a, b, c, d の組み合わせを見つける。
> [Ⅰ]　a, c の候補を決める。
> [Ⅱ]　b, d の候補を決める。
> [Ⅲ]　$ad+bc=q$ をチェックする。
>
> $$
> \begin{array}{ccc}
> a & b & \to bc \\
> c & d & \to ad \\
> \hline
> ac & bd & ad+bc \\
> \| & \| & \| \\
> p & r & q
> \end{array}
> $$

Check!　$15x^2+26x+8$ を因数分解しなさい。

解答　$a=3$, $c=5$ としてたすき掛けを用いると

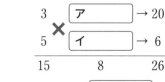

$$
\begin{array}{ccc}
3 & \boxed{\text{ア}} & \to 20 \\
5 & \boxed{\text{イ}} & \to 6 \\
\hline
15 & 8 & 26
\end{array}
$$

$$15x^2+26x+8=(3x+\boxed{\text{ア}})(5x+\boxed{\text{イ}})\,\text{答}$$

> ア 4　イ 2

② 項のグループ分けを利用した因数分解

次数の低い文字や出現回数の少ない文字に注目して項を2つのグループに分けることで，式の特徴を明らかにします。共通因数の発見や $A^2-B^2=(A+B)(A-B)$ の利用に注目します。

例　$x^2-2xy+4y-4$ を因数分解しなさい。

解答　y を含んでいるかどうかで項を2つのグループに分けると
$$x^2-4-2xy+4y \impliedby y \text{を含まない2つと} y \text{を含む2つに分けた}$$
$$=(x+2)(x-2)-2y(x-2) \impliedby (x+2)A-2yA \text{の形}$$
$$=(x-2)\{(x+2)-2y\} \impliedby x-2 \text{が共通因数}$$
$$=\underline{(x-2)(x-2y+2)}\,\text{答}$$

> **POINT**　因数分解の視点
>
> (1)　項をグループ分けする。
> (2)　共通因数を発見する。
> (3)　基本公式を利用する。
> $$\left(\begin{array}{l}\text{とくに,}\\ A^2-B^2=(A+B)(A-B)\end{array}\right)$$

Check!　$x^2-y^2+2yz-z^2$ を因数分解しなさい。

なぞろう!

解答　$x^2-(y^2-2yz+z^2) \impliedby x \text{を含む1つと} x \text{を含まない3つに分けた}$

$$=x^2-(y-z)^2 \impliedby x^2-B^2 \text{の形}$$

$$=\{x+(y-z)\}\{x-(y-z)\} \impliedby (x+B)(x-B)$$

$$=\underline{(x+y-z)(x-y+z)}\,\text{答}$$

　解答編 ▶ p.3

1 次の式を因数分解しなさい。

☐ (1)　$8x^2 - 6x - 9$

☐ (2)　$2x^2 + (5y-8)x + 3y^2 - 11y + 6$

2 次の式を因数分解しなさい。

☐ (1)　$x^2y + y^2z - y^3 - x^2z$

☐ (2)　$4x^2 - y^2 + z^2 - 4xz$

Jump Up!

☐ (3)　$a^3b - 3a^2 - 4ab + 12$

3　無理数

① 対称式の計算 　ここでも役立つ！ ▶ 24 ①

x^2+y^2 や x^2y+xy^2 のように，x と y を入れかえても変わらない整式を対称式といい，これらは $x+y$ と xy を用いて表せることが知られています。無理数の計算で，この変形を活用できることがあります。

例　$x=\dfrac{1}{\sqrt{3}+\sqrt{2}}$，$y=\dfrac{1}{\sqrt{3}-\sqrt{2}}$ のとき，x^2y+xy^2 の値を求めなさい。

POINT　対称式の変形

(1)　$\dfrac{1}{x}+\dfrac{1}{y}=\dfrac{x+y}{xy}$

(2)　$x^2y+xy^2=xy(x+y)$

(3)　$x^2+y^2=(x+y)^2-2xy$

解答　$x=\dfrac{1}{\sqrt{3}+\sqrt{2}}\cdot\dfrac{\sqrt{3}-\sqrt{2}}{\sqrt{3}-\sqrt{2}}=\sqrt{3}-\sqrt{2}$ ◀分母の有理化

$y=\dfrac{1}{\sqrt{3}-\sqrt{2}}\cdot\dfrac{\sqrt{3}+\sqrt{2}}{\sqrt{3}+\sqrt{2}}=\sqrt{3}+\sqrt{2}$ ◀分母の有理化

であり，$x+y=(\sqrt{3}-\sqrt{2})+(\sqrt{3}+\sqrt{2})=2\sqrt{3}$

$xy=(\sqrt{3}-\sqrt{2})(\sqrt{3}+\sqrt{2})=1$

よって，$x^2y+xy^2=xy(x+y)$ ◀$x+y$ と xy を用いて表す

$=1\cdot2\sqrt{3}=\underline{2\sqrt{3}}$ **答**

Check!　**例**で，x^2+y^2 の値を求めなさい。　🖊なぞろう！

解答　$x^2+y^2=(x+y)^2-2xy$ ◀$x+y$ と xy を用いて表す　▶ $(\sqrt{3}-\sqrt{2})^2+(\sqrt{3}+\sqrt{2})^2$

$=(2\sqrt{3})^2-2\cdot1=12-2=\underline{10}$ **答**　を展開して計算してもよい。

② 無理数の整数部分と小数部分

例えば，$\sqrt{30}$ を整数部分と小数部分（小数点以下の部分）に分けるとき，$\sqrt{25}<\sqrt{30}<\sqrt{36}$ より $5<\sqrt{30}<6$ と表せることから，整数部分は 5，小数部分は $\sqrt{30}-5$ となります。

例　$\dfrac{7+\sqrt{30}}{2}$ の小数部分を求めなさい。

POINT　無理数 A の小数部分を求める手順

[Ⅰ]　$N<A<N+1$ となる整数 N を見つける。

[Ⅱ]　整数部分は N。

[Ⅲ]　小数部分は $A-N$。

解答　$5<\sqrt{30}<6$ であり

$7+5<7+\sqrt{30}<7+6$ ◀各辺に 7 を加える

$6<\dfrac{7+\sqrt{30}}{2}<\dfrac{13}{2}$ ◀$\frac{13}{2}=6.5$

$6<\dfrac{7+\sqrt{30}}{2}<7$ より，整数部分は 6

小数部分は $\dfrac{7+\sqrt{30}}{2}-6=\underline{\dfrac{\sqrt{30}-5}{2}}$ **答**

Check!　$7\sqrt{3}$ の小数部分を求めなさい。

解答　$7\sqrt{3}=\sqrt{147}$

$\sqrt{144}<\sqrt{147}<\sqrt{169}$ より，$12<\sqrt{147}<13$

整数部分は ［ ア ］　小数部分は ［ イ ］ **答**

▶ 平方数で 147 に近いものに注目する。

$12^2=144$，$13^2=169$

ア 12　　イ $7\sqrt{3}-12$

練習問題　解答編 ▶ p.5

1 $x=\dfrac{3}{\sqrt{5}-\sqrt{2}}$, $y=\dfrac{3}{\sqrt{5}+\sqrt{2}}$ のとき，次の値を求めなさい。

☐(1) $x+y$

☐(2) x^2+y^2

☐(3) $\dfrac{y}{x}+\dfrac{x}{y}$

2 $\dfrac{12}{\sqrt{5}-1}$ の整数部分を a，小数部分を b とするとき，次の値を求めなさい。

☐(1) b

Jump Up!
☐(2) $a^2-b^2-12a-12b$

4 絶対値記号を含む方程式，不等式

① 絶対値記号を含む方程式

$|A|$ は $A \geqq 0$ のとき A，$A < 0$ のとき $-A$ として扱います。このため，絶対値記号を含む方程式は，場合分けをして解く必要があります。

例 方程式 $|x+1| = 2x+5$ を解きなさい。

解答 (i) $x+1 \geqq 0$ より $x \geqq -1$ ……① のとき

$x+1 = 2x+5$ を解いて $x = -4$

これは①を満たさないので解ではない。

(ii) $x+1 < 0$ より $x < -1$ ……② のとき

$-(x+1) = 2x+5$ を解いて $x = -2$

これは②を満たす。

以上により $\underline{x = -2}$ 答

POINT $|A| = B$ の型の方程式

[Ⅰ] $A \geqq 0$ の範囲で $A = B$ を解く。

[Ⅱ] $A < 0$ の範囲で $-A = B$ を解く。

[Ⅲ] [Ⅰ]，[Ⅱ]の解を列記する。

▶ $x = -2$ が解であることの確認

(左辺) $|-2+1| = |-1| = -(-1) = 1$

(右辺) $2 \cdot (-2) + 5 = 1$

となり，$x = -2$ のとき

(左辺) = (右辺)

Check! 方程式 $|x-5| = 2x$ を解きなさい。 なぞろう！

解答 (i) $x-5 \geqq 0$ より $x \geqq 5$ ……① のとき

$x-5 = 2x$ を解いて $x = -5$ これは①を満たさないので解ではない。

(ii) $x-5 < 0$ より $x < 5$ ……② のとき

$-(x-5) = 2x$ を解いて $x = \dfrac{5}{3}$ これは②を満たす。

以上により $\underline{x = \dfrac{5}{3}}$ 答

② 絶対値記号を含む不等式

方程式と同様に考えますが，連立不等式を解くことになります。場合分けの1つ1つでは「かつ」の扱いですが，最後に解となる範囲をまとめるときは「または」の扱いとなります。

例 不等式 $|x+1| < 2x+5$ を解きなさい。

解答 (i) $x+1 \geqq 0$ より $x \geqq -1$ ……① のとき

$x+1 < 2x+5$ を解いて $x > -4$ ……②

①，②の共通範囲を求めると $x \geqq -1$ ……③

(ii) $x+1 < 0$ より $x < -1$ ……④ のとき

$-(x+1) < 2x+5$ を解いて $x > -2$ ……⑤

④，⑤の共通範囲を求めると $-2 < x < -1$ ……⑥

③または⑥の範囲が解となるので $\underline{x > -2}$ 答

POINT $|A| < B$ の型の不等式

[Ⅰ] $A \geqq 0$ かつ $A < B$ を解く。

[Ⅱ] $A < 0$ かつ $-A < B$ を解く。

[Ⅲ] [Ⅰ]または[Ⅱ]が不等式の解。

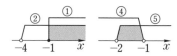

▶ $x+1 < 2x+5$ の途中の変形

$x - 2x < 5 - 1$ 不等式の両辺に負

$-x < 4$ の数を掛けると不

$x > -4$ 等号の向きが変わることに注意する。

Check! 不等式 $|x-5| < 2x$ を解きなさい。 なぞろう！

解答 (i) $x-5 \geqq 0$ より $x \geqq 5$ ……① のとき

$x-5 < 2x$ を解いて $x > -5$ ……②

①，②の共通範囲を求めると

$$x \geqq 5 \quad \cdots\cdots ③$$

(ii) $x-5<0$ より $x<5$ $\cdots\cdots ④$ のとき

$-(x-5)<2x$ を解いて $x>\dfrac{5}{3}$ $\cdots\cdots ⑤$

④, ⑤の共通範囲を求めると

$$\dfrac{5}{3}<x<5 \quad \cdots\cdots ⑥$$

③または⑥の範囲が解となるので $x>\dfrac{5}{3}$ 答

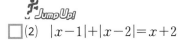 解答編 ▶ p.6

1 次の方程式を解きなさい。

□(1) $|3x-3|=x+1$

🏃 Jump Up!

□(2) $|x-1|+|x-2|=x+2$

2 次の不等式を解きなさい。

□(1) $|3x-3|>x+1$

□(2) $|x+3|-2x>0$

第1章 数と式

5　2次関数

① 2次関数の式（放物線の方程式）

2次関数 $y=ax^2+bx+c$ のグラフは放物線で，頂点の座標が $(p,\ q)$ のとき，この放物線の方程式は $y=a(x-p)^2+q$ と表されます。また，x 軸との共有点の座標が $(\alpha,\ 0)$，$(\beta,\ 0)$ のとき，$y=a(x-\alpha)(x-\beta)$ と表されます。これら3つの表現の使い分けがポイントになります。

例　放物線 $y=2x^2-12x+5$ の頂点の座標を求めなさい。

解答
$$y=2(x^2-6x)+5 \quad \leftarrow x^2\text{の係数でくくる}$$
$$=2\{(x-3)^2-9\}+5 \quad \leftarrow \text{平方完成}$$
$$=2(x-3)^2-13$$

頂点の座標は $\underline{(3,\ -13)}$ **答**

POINT　放物線の方程式の表現

(1) $y=ax^2+bx+c$
　y 軸との交点は $(0,\ c)$
(2) $y=a(x-p)^2+q$
　頂点の座標は $(p,\ q)$
(3) $y=a(x-\alpha)(x-\beta)$
　x 軸との共有点は $(\alpha,0),(\beta,0)$

▶ 平方完成の式変形
　$x^2-2px+p^2=(x-p)^2$ より
　$x^2-2px=(x-p)^2-p^2$

▶ 放物線 $y=-3(x+1)(x+7)$
　x 軸との共有点は $(-1,0),(-7,0)$

Check!　放物線 $y=-3(x+1)(x+7)$ の頂点の座標を求めなさい。

解答
$$y=-3(x^2+8x+7) \quad \text{なぞろう!}$$
$$=-3\{(x+4)^2-16+7\} \quad \leftarrow \text{平方完成}$$
$$=-3(x+4)^2+27$$

頂点の座標は $\underline{(-4,\ 27)}$ **答**

② 2次関数の最大・最小

最大値・最小値を求めるときは，グラフの頂点と端点（定義域に制限があるとき）に注目します。係数に k などの文字が含まれるときは，場合分けをすることがあります。

例　2次関数 $y=3x^2-12x+5$ の $x\geqq1$ における最小値を求めなさい。

解答
$$y=3(x-2)^2-7 \quad \leftarrow \text{グラフは下に凸の放物線}$$

2次関数のグラフの頂点の座標は $(2,\ -7)$

$x\geqq1$ において最小となるのは $x=2$ のときで

最小値は $\underline{-7}$ **答** ← 「頂点」で最小

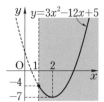

POINT　最大値・最小値

(1) 2次関数のグラフをかく（メモ程度でよい）。
(2) 「頂点」と「端点」に注目する。
(3) 係数に文字があるときは，場合分けもある。

Check!　$k<1$ のとき，2次関数 $y=3x^2-6kx+5$ の $x\geqq1$ における最小値を求めなさい。

解答
$$y=3(x-k)^2-3k^2+5 \quad \leftarrow \text{グラフは下に凸の放物線}$$

2次関数のグラフの頂点の座標は $(k,\ -3k^2+5)$

$k<1$ のとき ← 「頂点」は $x\geqq1$ にない

$x\geqq1$ において最小となるのは $x=\boxed{\text{ア}}$ のときで ← 「端点」で最小

最小値は $3\cdot1^2-6k\cdot1+5=\boxed{\text{イ}}$ **答**

ア 1　イ $-6k+8$

練習問題 解答編 ▶ p.7

1 次の放物線の方程式を求めなさい。

□(1) 頂点の座標が $(-5, -2)$ で，点 $(1, 16)$ を通る放物線。

□(2) x 軸との共有点の座標が $(-1, 0)$，$(-5, 0)$ で，点 $(0, -15)$ を通る放物線。

□(3) 放物線 $y = -3x^2 + 12x + 4$ と頂点が同じで，原点 $(0, 0)$ を通る放物線。

2 次の2次関数の $x \leqq 3$ における最大値を求めなさい。

□(1) $y = -2x^2 + 16x - 22$

□(2) $y = -2x^2 + 4kx - k^2 - 2k + 2$

6　2次方程式

① 2次方程式 $ax^2+bx+c=0$ の解の求め方

ax^2+bx+c が因数分解できるときは因数分解を利用し，そうでないときは解の公式を用いて $x=\dfrac{-b\pm\sqrt{b^2-4ac}}{2a}$ を計算します。$b=2b'$ のときは約分を簡略化する公式を利用できます。

例　2次方程式 $3x^2-8x+2=0$ を解きなさい。

解答　$3x^2-8x+2$ は因数分解できないので，解の公式を用いる。

x の係数が $-8=2\cdot(-4)$ であることから

$$x=\frac{-(-4)\pm\sqrt{(-4)^2-3\cdot2}}{3}　\leftarrow a=3,\ b'=-4,\ c=2$$

$$=\frac{4\pm\sqrt{10}}{3}\ \boxed{答}$$

POINT　2次方程式の解法

$ax^2+bx+c=0\ (a\neq0)$ の解

(1) 因数分解の利用

(2) 解の公式

$$x=\frac{-b\pm\sqrt{b^2-4ac}}{2a}$$

(3) $b=2b'$ のとき

$$x=\frac{-b'\pm\sqrt{b'^2-ac}}{a}$$

Check!　2次方程式 $6x^2+10x+3=0$ を解きなさい。

解答　x の係数が $10=2\cdot5$ である ✎なぞろう！ ことから

$$x=\frac{-5\pm\sqrt{5^2-6\cdot3}}{6}=\frac{-5\pm\sqrt{7}}{6}\ \boxed{答}$$

▶ 解法(3)の代わりに解法(2)を用いると，次のようになる。

$$x=\frac{-10\pm\sqrt{10^2-4\cdot6\cdot3}}{2\cdot6}$$

$$=\frac{-10\pm2\sqrt{7}}{12}=\frac{-5\pm\sqrt{7}}{6}$$

② 2次方程式の判別式

2次方程式 $ax^2+bx+c=0$ において $D=b^2-4ac$ を判別式といい，2次方程式の実数解の個数を調べる場合や $y=ax^2+bx+c$ のグラフと x 軸の位置関係を扱うときに利用します。

例　2次関数 $y=3x^2-8x+k$ のグラフが x 軸と接するとき（共有点が1個のとき）の k の値を求めなさい。

解答　2次方程式 $3x^2-8x+k=0$ ← 共有点の x 座標を求めるための式
が実数解を1個もつときなので，$D=0$ より

$$(-8)^2-4\cdot3\cdot k=0$$

$$k=\frac{16}{3}\ \boxed{答}　\leftarrow このときの「重解」が「接点の x 座標」$$

POINT　2次方程式の判別式

$ax^2+bx+c=0\ (a\neq0)$ において，$D=b^2-4ac$ とする。

(1) $D>0$ のとき
　異なる2つの実数解をもつ。

(2) $D=0$ のとき
　1つの実数解（重解）をもつ。

(3) $D<0$ のとき
　実数解をもたない。

Check!　2次関数 $y=6x^2+10x+k$ のグラフが x 軸と異なる2点で交わるときの k の値の範囲を求めなさい。

解答　2次方程式 $6x^2+10x+k=0$ が実数解を2個もつときなので，$D>0$ より

$$10^2-4\cdot6\cdot k>0$$

$-24k>-100$ より $k<$ $\boxed{答}$

$\boxed{ア\ \dfrac{25}{6}}$

練習問題 解答編 ▶ p.8

1 次の2次方程式を解きなさい。

☐(1)　$5x^2+7x-3=0$

☐(2)　$3x^2-8x-35=0$

2 次の問に答えなさい。

☐(1)　2次方程式 $2x^2+3x+c=0$ が実数解をもつときの c の値の範囲を求めなさい。

☐(2)　2次関数 $y=3x^2-5x+k$ のグラフが x 軸と共有点をもたないときの k の値の範囲を求めなさい。

Jump Up!

☐(3)　2次関数 $y=x^2+(m+1)x+m^2+m-1$ のグラフが x 軸と接するときの m の値を求めなさい。

7 2次不等式

① 2次不等式

2次不等式は結果としての解のパターンが多くあるので，パターンの暗記や計算だけで解こうとするのではなく，メモ程度のグラフを描きながら解くことでミスを減らすようにします。

例 2次不等式 $x^2-8x+15 \leqq 0$ を解きなさい。

解答 $(x-3)(x-5) \leqq 0$

$y=(x-3)(x-5)$ のグラフの $y \leqq 0$ となる
x の値の範囲を求めると ← 慣れてきたら省略

$\underline{3 \leqq x \leqq 5}$ 答

Check! 2次不等式 $x^2-8x+21>0$ を解きなさい。

解答 $y=x^2-8x+21$ のグラフは，
$y=(x-4)^2+5$ より，頂点 $(4, 5)$，下に凸の
放物線である。

すべての x について $y>0$ となるので，不
等式の解は $\boxed{}$ 答。

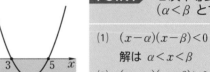

POINT 2次不等式の基本型
（$\alpha<\beta$ とする）

(1) $(x-\alpha)(x-\beta)<0$
　　解は $\alpha<x<\beta$
(2) $(x-\alpha)(x-\beta)>0$
　　解は $x<\alpha, \ \beta<x$
(3) $(x-p)^2+q>0$
　　$q>0$ であれば，解はすべて
　　の実数。

> ア すべての実数

② すべての実数 x について成立する2次不等式

不等式 $f(x)>0$ を解くことは，$y=f(x)$ のグラフの $y>0$ となる x の値の範囲を求めることに相当します。係数に k などの文字が含まれるときは，どのようなグラフになればよいかを考えます。

例 すべての実数 x に対して，2次不等式 $x^2-2x+k>0$ が
成立するときの k の値の範囲を求めなさい。

解答 $y=x^2-2x+k$ のグラフが x 軸と共有点をもたないので，2次方程式 $x^2-2x+k=0$ の判別式について $D<0$

$(-2)^2-4 \cdot 1 \cdot k<0$ より $\underline{k>1}$ 答

〔参考〕 （最小値）>0，（頂点の y 座標）>0 とみて，
$y=(x-1)^2-1+k$ より，$-1+k>0$ を解いてもよい。

POINT 文字係数の2次不等式

[I] 2次関数のグラフと関連付
ける。
[II] 放物線と x 軸との共有点，
放物線の位置に注目する。
[III] 条件を式で表して解く。

▶ $ax^2+bx+c=0 \ (a \neq 0)$ の判別式
$D=b^2-4ac$

Check! すべての実数 x に対して，2次不等式
$5x^2+3x+p>0$ が成立するときの p の値の範囲を求めなさい。

なぞろう！

解答 $y=5x^2+3x+p$ のグラフが x 軸と共有点をもた
ないので，2次方程式 $5x^2+3x+p=0$ の判別式につい
て $D<0$

$3^2-4 \cdot 5 \cdot p<0$ より $\underline{p>\dfrac{9}{20}}$ 答

練習問題 解答編 ▶ p.9

1 次の2次不等式を解きなさい。

□(1)　$x^2 - 25 > 0$

□(2)　$x^2 - 12x + 36 \leqq 0$

□(3)　$x^2 + 10x + 30 < 0$

2 次の問に答えなさい。

□(1)　すべての実数 x に対して，2次不等式 $x^2 - 2ax + a + 6 > 0$ が成立するときの a の値の範囲を求めなさい。

🏃 Jump Up!

□(2)　2次不等式 $x^2 + 4mx + 2 - 4m^2 \leqq 0$ を満たす実数 x が存在するときの m の値の範囲を求めなさい。

8　三角比の相互関係

① $\sin\theta$, $\cos\theta$, $\tan\theta$ の関係

$\sin\theta$, $\cos\theta$, $\tan\theta$ のうちの1つの値がわかると、 **POINT** の関係式を用いることで、残りの2つの値を求めることができます。2乗の値についての関係式もあるので、符号に注意します。

例 $0°\leqq\theta\leqq180°$ とする。$\cos\theta=-\dfrac{1}{5}$ のとき、$\sin\theta$ と $\tan\theta$ の値を求めなさい。

解答 $\cos\theta<0$ なので、$90°<\theta\leqq180°$ ← はじめに調べておく

$\sin^2\theta+\cos^2\theta=1$ より $\sin^2\theta+\left(-\dfrac{1}{5}\right)^2=1$ ← (1)にあてはめる

$\sin^2\theta=\dfrac{24}{25}$

$90°<\theta\leqq180°$ のとき、$\sin\theta\geqq0$ であるから $\sin\theta=\dfrac{2\sqrt{6}}{5}$ 答

これより $\tan\theta=\dfrac{\sin\theta}{\cos\theta}=\dfrac{\dfrac{2\sqrt{6}}{5}}{-\dfrac{1}{5}}=-2\sqrt{6}$ 答 ← (2)にあてはめる

POINT	三角比の相互関係
(1)	$\sin^2\theta+\cos^2\theta=1$
(2)	$\tan\theta=\dfrac{\sin\theta}{\cos\theta}$
(3)	$1+\tan^2\theta=\dfrac{1}{\cos^2\theta}$

Check! $0°\leqq\theta\leqq180°$ とする。$\tan\theta=2$ のとき、$\cos\theta$ と $\sin\theta$ の値を求めなさい。

解答 $\tan\theta>0$ なので、$0°<\theta<90°$ ← はじめに調べておく　なぞろう！

$1+\tan^2\theta=\dfrac{1}{\cos^2\theta}$ より $1+2^2=\dfrac{1}{\cos^2\theta}$ ← (3)にあてはめる

$\cos^2\theta=\dfrac{1}{5}$　$0°<\theta<90°$ のとき、$\cos\theta>0$ であるから $\cos\theta=\dfrac{\sqrt{5}}{5}$ 答

これより $\sin\theta=\tan\theta\cdot\cos\theta=2\cdot\dfrac{\sqrt{5}}{5}=\dfrac{2\sqrt{5}}{5}$ 答 ← (2)を変形した式にあてはめる

② $180°-\theta$ の角の三角比

円に内接する四角形の対角の和は180°になります。$180°-\theta$ の角の三角比の関係式は、円に内接する四角形を扱うときに利用できます。

例 $0°\leqq\theta\leqq180°$ とする。$\sin\theta=\dfrac{\sqrt{5}}{5}$ のとき、$\sin(180°-\theta)$ の値を求めなさい。

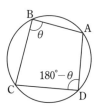

解答 $\sin(180°-\theta)=\sin\theta=\dfrac{\sqrt{5}}{5}$ 答

POINT	$180°-\theta$ の角の三角比
(1)	$\sin(180°-\theta)=\sin\theta$
(2)	$\cos(180°-\theta)=-\cos\theta$
(3)	$\tan(180°-\theta)=-\tan\theta$

Check! 円に内接する四角形 ABCD において

$\cos\angle ABC=-\dfrac{1}{3}$ のとき、$\cos\angle ADC$ の値を求めなさい。

解答 $\angle ABC+\angle ADC=180°$ であるので

$$\cos \angle \text{ADC} = \cos(180° - \angle \text{ABC}) = -\cos \angle \text{ABC} = \boxed{\text{ア}}$$ 答

ア $\dfrac{1}{3}$

  解答編 ▶ p.10

1 次の問に答えなさい。

□(1)　$0° \leqq \theta \leqq 180°$ とする。$\cos\theta = -\dfrac{4}{5}$ のとき，$\sin\theta$ と $\tan\theta$ の値を求めなさい。

□(2)　$0° \leqq \theta \leqq 180°$ とする。$\tan\theta = -\sqrt{2}$ のとき，$\cos\theta$ と $\sin\theta$ の値を求めなさい。

□(3)　$0° \leqq \theta \leqq 180°$ とする。$\sin\theta = \dfrac{1}{5}$ のとき，$\cos\theta$ と $\tan\theta$ の値を求めなさい。

2 次の問に答えなさい。

□(1)　円に内接する四角形 ABCD において $\cos \angle \text{BAD} = -\dfrac{1}{8}$ のとき，$\sin \angle \text{BCD}$ の値を求めなさい。

Jump Up!

□(2)　$90° < \theta < 180°$ とする。$\sin\theta = \dfrac{12}{13}$ のとき，$\tan(180° - \theta)$ の値を求めなさい。

第 3 章　図形と計量

9 図形と三角比

① 正弦定理・余弦定理

三角形の3つの辺と3つの角の関係を表現したものです。辺と角の6つのうち3つが与えられたとき，残りの辺の長さや角の三角比を1つずつ求めていくことができます。

例 △ABC において，$A=120°$，$b=7$，$c=8$ のとき，a，$\sin C$ を求めなさい。

解答 余弦定理より

$$a^2=b^2+c^2-2bc\cos120°=7^2+8^2-2\cdot7\cdot8\cdot\left(-\frac{1}{2}\right)=169$$

$a>0$ より　$\underline{a=13}$ **答**

正弦定理より　$\dfrac{13}{\sin120°}=\dfrac{8}{\sin C}$

$13\sin C=8\sin120°$ となり　$\sin C=\dfrac{8}{13}\cdot\dfrac{\sqrt{3}}{2}=\dfrac{4\sqrt{3}}{13}$ **答**

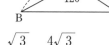

POINT 正弦定理・余弦定理（△ABC の場合）

(1) $a^2=b^2+c^2-2bc\cos A$
　（2辺と1つの角がわかるとき）

(2) $\cos A=\dfrac{b^2+c^2-a^2}{2bc}$
　（3辺がわかるとき）

(3) $\dfrac{a}{\sin A}=\dfrac{b}{\sin B}=\dfrac{c}{\sin C}=2R$
　（2つの角に注目するとき。
　　R は外接円の半径）

Check! △ABC において，$a=4$，$b=2$，$c=3$ のとき，$\sin A$ を求めなさい。　なぞろう!

解答 余弦定理より　$\cos A=\dfrac{b^2+c^2-a^2}{2bc}=\dfrac{2^2+3^2-4^2}{2\cdot2\cdot3}=-\dfrac{1}{4}$

$\sin^2 A+\cos^2 A=1$ より

$$\sin^2 A=1-\cos^2 A=1-\left(-\dfrac{1}{4}\right)^2=\dfrac{15}{16}$$

$\sin A>0$ より　$\underline{\sin A=\dfrac{\sqrt{15}}{4}}$ **答**

② 三角形の面積 S と内接円の半径 r・外接円の半径 R

三角形の内接円の半径 r は，その三角形の面積 S を利用して求めます。外接円の半径 R は正弦定理の $\dfrac{a}{\sin A}=2R$ などを用いて求めますが，面積との関係も含めて覚えておくとよいでしょう。

例 △ABC において，$A=120°$，$b=7$，$c=8$ のとき，この三角形の面積 S と内接円の半径 r を求めなさい。

解答 $S=\dfrac{1}{2}bc\sin120°=\dfrac{1}{2}\cdot7\cdot8\cdot\dfrac{\sqrt{3}}{2}=\underline{14\sqrt{3}}$ **答**

$a=13$ であるので ◀①の例より

$S=\dfrac{r(a+b+c)}{2}$ より　$r=\dfrac{2S}{a+b+c}=\dfrac{2\cdot14\sqrt{3}}{13+7+8}=\underline{\sqrt{3}}$ **答**

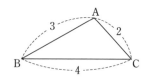

POINT 三角形の面積 S（△ABC の場合）

(1) $S=\dfrac{1}{2}bc\sin A$

(2) 内接円の半径が r のとき
　$S=\dfrac{r(a+b+c)}{2}$

(3) 外接円の半径が R のとき
　$S=\dfrac{1}{2}bc\cdot\dfrac{a}{2R}=\dfrac{abc}{4R}$

Check! △ABC において，$a=4$，$b=2$，$c=3$ のとき，この三角形の内接円の半径 r を求めなさい。

解答 $S=\dfrac{1}{2}bc\sin A=\dfrac{1}{2}\cdot2\cdot3\cdot\dfrac{\sqrt{15}}{4}=\boxed{\text{ア}}$ ◀①の**Check!**より $\sin A=\dfrac{\sqrt{15}}{4}$

$$S=\frac{r(a+b+c)}{2} \text{ より }\quad r=\frac{2S}{a+b+c}=\frac{2}{4+2+3}\cdot \boxed{\text{ア}} = \boxed{\text{イ}}$$ 答

ア $\dfrac{3\sqrt{15}}{4}$

イ $\dfrac{\sqrt{15}}{6}$

練習問題　解答編 ▶ p.12

1 次の問に答えなさい。

☐(1) △ABC において，$\cos B=\dfrac{1}{3}$，$a=6$，$c=7$ のとき，b を求めなさい。

☐(2) △ABC において，BC$=6$，$B=30°$，$C=105°$ のとき，AC の長さを求めなさい。

☐(3) △ABC において，BC$=\sqrt{6}$，CA$=2$，$A=120°$ のとき，B の大きさを求めなさい。

2 次の問に答えなさい。

☐(1) △ABC において，$a=7$，$b=5$，$c=6$ のとき，この三角形の外接円の半径 R と内接円の半径 r を求めなさい。

Jump Up!

☐(2) △ABC において，$a=7$，$b=3$，$A=120°$ のとき，この三角形の外接円の半径 R と内接円の半径 r を求めなさい。

第3章 図形と計量

10 四分位数と外れ値

① 四分位数

データを小さい順に並べ替えて，第1四分位数 Q_1，中央値（第2四分位数 Q_2），第3四分位数 Q_3 を求めます。最小値・最大値とあわせて5個の数値でデータ全体を捉えます。

例 10個のデータ 4, 6, 1, 2, 9, 8, 4, 5, 4, 8 の第1四分位数 Q_1，中央値 Q_2，第3四分位数 Q_3 を求めなさい。

解答 データを小さい順に並べ替えると

1, 2, 4, 4, 4, 5, 6, 8, 8, 9

データは10個（偶数）なので，中央値は $Q_2 = \dfrac{4+5}{2} = 4.5$ 答

データの前半部分の 1, 2, 4, 4, 4 の中央値で $Q_1 = 4$ 答
後半部分の 5, 6, 8, 8, 9 の中央値で $Q_3 = 8$ 答

Check! 9個のデータ 4, 6, 1, 2, 9, 8, 4, 5, 4 の第1四分位数 Q_1，中央値 Q_2，第3四分位数 Q_3 を求めなさい。

解答 データを小さい順に並べ替えると

1, 2, 4, 4, 4, 5, 6, 8, 9

データは9個（奇数）なので，中央値は $Q_2 = \boxed{\text{ア}}$ 答

前半の 1, 2, 4, 4 の中央値で $Q_1 = \dfrac{2+4}{2} = \boxed{\text{イ}}$ 答

後半の 5, 6, 8, 9 の中央値で $Q_3 = \dfrac{6+8}{2} = \boxed{\text{ウ}}$ 答

| ア 4 | イ 3 | ウ 7 |

POINT 四分位数

(1) 中央値（第2四分位数 Q_2）…データを小さい順に並べたとき，順番が中央になる値。データの個数が偶数のときは，中央の2つの値の平均値となる。

(2) 第1四分位数 Q_1，第3四分位数 Q_3…Q_2 を境としてデータを前半部分・後半部分に分けたとき，
前半の中央値が第1四分位数 Q_1，後半の中央値が第3四分位数 Q_3

第1四分位数Q_1　　　　第3四分位数Q_3
中央値
小○○○○○○○○○○○○○○○○大
四分位範囲

最小値　Q_1　中央値　Q_3　最大値

② 四分位範囲と外れ値

（第3四分位数）−（第1四分位数）$(Q_3 - Q_1)$ を四分位範囲といい，データの散らばりの度合いを表す量の1つとして用います。四分位範囲を用いてデータの外れ値を次のように判定する方法がよく用いられます。

『$\{Q_1 - 1.5 \times (Q_3 - Q_1)\}$ 以下の値，$\{Q_3 + 1.5 \times (Q_3 - Q_1)\}$ 以上の値を外れ値とする。』

例 上記の判定法により，次のデータの最大値は外れ値であるかどうかを判定しなさい。

3, 4, 4, 5, 6, 6, 8, 13

解答 3, 4, 4, 5, 6, 6, 8, 13 ← 小さい順に並んでいる
$Q_1 = 4$，$Q_3 = 7$ より四分位範囲は $Q_3 - Q_1 = 7 - 4 = 3$
$Q_3 + 1.5 \times (Q_3 - Q_1) = 7 + 1.5 \times 3 = 11.5$ より最大値の13は
外れ値である。答 ← 11.5以上の値だと外れ値

POINT 四分位範囲と外れ値

(1) 四分位範囲
＝（第3四分位数）−（第1四分位数）
＝ $Q_3 - Q_1$

(2) 外れ値
四分位範囲を用いて判定する。
・$\{Q_1 - 1.5 \times (Q_3 - Q_1)\}$ 以下の値
・$\{Q_3 + 1.5 \times (Q_3 - Q_1)\}$ 以上の値

Check! 例 のデータの最小値は外れ値であるかどうかを判定しなさい。

解答 $Q_1 - 1.5 \times (Q_3 - Q_1) = 4 - 1.5 \times 3 = -0.5$ より 🖊なぞろう!

最小値の 3 は<u>外れ値ではない</u>。 **答** ← -0.5 以下の値だと外れ値

練習問題 解答編 ▶ p.13

1 次の問に答えなさい。

□(1) 生徒 11 人のハンドボール投げの距離のデータが

16, 20, 23, 25, 26, 30, 28, 28, 37, 29, 35 (メートル)

であるとき，このデータの第 1 四分位数 Q_1，中央値 Q_2，第 3 四分位数 Q_3 を求めなさい。

🏃Jump Up!

□(2) データ 2, 8, 1, 9, 4, a について，平均値と中央値が等しくなるような a の値をすべて求めなさい。

2 次の問に答えなさい。ただし，外れ値は左ページ②の判定法を用いること。

□(1) 次のデータに外れ値があればすべて求めなさい。

71, 72, 73, 74, 75, 76, 77, 79, 80, 93, 108, 125, 144, 165

□(2) 次のデータに外れ値があればすべて求めなさい。

76, 75, 73, 77, 38, 144, 80, 79, 125, 83, 90, 47, 98

第 4 章 データの分析

11　分散・標準偏差，相関係数

① 分散・標準偏差

　各データの値から平均値を引いた値を偏差といいます。偏差を2乗した値の平均を分散といい，データの散らばり具合を表す値として用いられます。分散の正の平方根を標準偏差といいます。

例　データ 7, 5, 10, 9, 1, 2, 9, 6, 3, 8 の分散と標準偏差を求めなさい。

解答　平均値は $\dfrac{7+5+10+9+1+2+9+6+3+8}{10}=6$

POINT	分散・標準偏差

(1)　（偏差）＝（データの値）－（平均値）

(2)　（分散）＝$\dfrac{（偏差）^2 \text{の合計}}{（データの個数）}$

(3)　（標準偏差）＝$\sqrt{\text{分散}}$

　　分散は $\dfrac{1}{10}\times\{(7-6)^2+(5-6)^2+(10-6)^2+(9-6)^2+(1-6)^2$

　　　　　$+(2-6)^2+(9-6)^2+(6-6)^2+(3-6)^2+(8-6)^2\}$　←（偏差）^{2}の平均

　　　　$=\dfrac{1+1+16+9+25+16+9+0+9+4}{10}=\dfrac{90}{10}=\underline{9}$ 答

　　標準偏差は $\sqrt{9}=\underline{3}$ 答

Check!　データ 100, 110, 70, 120, 100 の分散を求めなさい。　なぞろう！

解答　平均値は $\dfrac{100+110+70+120+100}{5}=100$

　　分散は
$$\dfrac{(100-100)^2+(110-100)^2+(70-100)^2+(120-100)^2+(100-100)^2}{5}$$
$$=\dfrac{0+100+900+400+0}{5}=\dfrac{1400}{5}=\underline{280}$$ 答

↑（偏差）^{2}の平均

② 相関係数

　相関係数は，2つの変量の相関の正負と強弱を1つの数値で表したものです。

例　右の表は，5人の生徒の数学と英語の小テストの得点と平均点を示している。数学と英語の得点の相関係数を求めなさい。

番号	1	2	3	4	5	平均
数学	6	2	2	6	4	4
英語	5	3	4	5	3	4

解答　数学の偏差の2乗の合計（偏差平方和）は

　　$(6-4)^2+(2-4)^2+(2-4)^2+(6-4)^2+(4-4)^2=16$

　　英語の偏差の2乗の合計（偏差平方和）は

　　$(5-4)^2+(3-4)^2+(4-4)^2+(5-4)^2+(3-4)^2=4$

　　数学の偏差と英語の偏差の積の合計（偏差の積の和）は

　　$(6-4)\cdot(5-4)+(2-4)\cdot(3-4)+(2-4)\cdot(4-4)$
　　　　　　　　$+(6-4)\cdot(5-4)+(4-4)\cdot(3-4)=6$

　　相関係数は $\dfrac{6}{\sqrt{16\times4}}=\dfrac{6}{8}=\underline{0.75}$ 答

POINT	変量 x, y の相関係数 r

(1)　$r=\dfrac{(x\text{の偏差と}y\text{の偏差の積の和})}{\sqrt{(x\text{の偏差平方和})\times(y\text{の偏差平方和})}}$

　　（偏差平方和）＝（偏差）^{2} の合計

(2)　$r=\dfrac{(x\text{と}y\text{の共分散})}{(x\text{の標準偏差})\times(y\text{の標準偏差})}$

　　　　　　　　　$(-1\leqq r\leqq1)$

Check!　例の相関係数を，分散と共分散を利用して求めなさい。

解答 数学の分散は $\dfrac{16}{5}$，英語の分散は $\dfrac{4}{5}$，共分散は　　　　　▶（共分散）＝$\dfrac{(偏差の積の和)}{(データの個数)}$

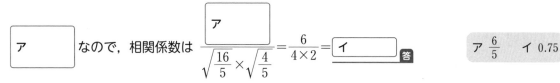

$\boxed{\text{ア}}$ なので，相関係数は $\dfrac{\boxed{\text{ア}}}{\sqrt{\dfrac{16}{5}}\times\sqrt{\dfrac{4}{5}}}=\dfrac{6}{4\times 2}=\boxed{\text{イ}}$ **答**

$\boxed{\text{ア } \dfrac{6}{5} \quad \text{イ } 0.75}$

練習問題　解答編 ▶ p.15

1 次の問に答えなさい。

☐(1)　10 個のデータ 3，6，1，2，9，0，3，5，3，8 の分散を求めなさい。

☐(2)　a を実数とするとき，5 個の値 $a+2$，$a-3$，$a+4$，$a-1$，$a+3$ の分散を求めなさい。

Jump Up!

☐(3)　m を整数とする。4 個の値 -2，1，2，m の標準偏差が $\dfrac{5}{2}$ となるときの m の値を求めなさい。

2 次の問に答えなさい。

☐(1)　2 つの変量 x，y についての 10 人のデータを分析したところ，x の分散が 8，y の分散が 2，x と y の共分散が -3.1 であった。x と y の相関係数 r を求めなさい。

☐(2)　下の表は，生徒 10 人に教科 A，B のテスト（30 点満点）を行った結果である。テスト A，B の得点をそれぞれ x，y とするとき，x と y の相関係数 r を求めなさい。ただし，小数第 3 位を四捨五入しなさい。

生徒番号	1	2	3	4	5	6	7	8	9	10
x	29	28	30	22	23	24	26	27	30	21
y	26	23	28	16	18	19	21	24	26	19

第 4 章　データの分析

12　順列 $_n\mathrm{P}_r$，組合せ $_n\mathrm{C}_r$

① 順列 $_n\mathrm{P}_r$

　異なる n 個のものの中から，順序を付けて r 個のものを1列に並べるときの総数は，$_n\mathrm{P}_r$ で求めます。同じものを繰り返し用いてよい順列の総数は n^r となり注意が必要です。

例　6人の候補選手の中で，リレーの第1走者から第4走者までを決めるとき，4人の走者の決め方は何通りあるか。

解答　$_6\mathrm{P}_4=6\cdot5\cdot4\cdot3=\underline{360}\,(\text{通り})$ **答**

例　1，2，3，4の数字を使って3けたの数をつくる。同じ数字を何回使ってもよいとき，3けたの数は何個つくれるか。

解答　$4^3=4\cdot4\cdot4=\underline{64}\,(\text{個})$ **答**

Check!　1組のトランプのハートのカード13枚から5枚を選んで1列に並べるとき，並べ方は何通りあるか。　　*なぞろう!*

解答　$_{13}\mathrm{P}_5=13\cdot12\cdot11\cdot10\cdot9=\underline{154440}\,(\text{通り})$ **答**

POINT　順列の総数

(1) $_n\mathrm{P}_r$
$=\underline{n(n-1)(n-2)\cdots(n-r+1)}$
　　r 個の数の積
$_n\mathrm{P}_n=n(n-1)(n-2)\cdots\cdots2\cdot1$
$=n!$

(2) 重複順列（同じものを繰り返し用いてよいとき）
　異なる n 個から r 個とる重複順列の総数は n^r

(3) 同じものを含む順列（同じものの個数が与えられているとき）
　同じものを並べる場所を，組合せの考え方で求める。

② 組合せ $_n\mathrm{C}_r$

　異なる n 個のものの中から，順序を付けないで r 個を1組として取り出すときの総数は，$_n\mathrm{C}_r$ で求めます。同じものを含む順列の問題で，同じものを置く場所を選ぶときにも利用できます。

例　正十二角形 ABCDEFGHIJKL の12個の頂点のうち3点を結んでできる三角形の個数を求めなさい。

解答　$_{12}\mathrm{C}_3=\dfrac{12!}{3!\,9!}=\dfrac{12\cdot11\cdot10}{3\cdot2\cdot1}=\underline{220}\,(\text{個})$ **答**

例　「○」が書かれたカード4枚と「×」が書かれたカード2枚がある。これら6枚のカードを1列に並べるときの並べ方は何通りあるか。

解答　1，2，3，4，5，6の位置のうち，どの4か所に「○」を置けばよいのかを組合せとして考えると

$_6\mathrm{C}_4=\dfrac{6!}{4!\,2!}=\dfrac{6\cdot5}{2\cdot1}=\underline{15}\,(\text{通り})$ **答** ← 「×」を置く場所を考えると $_6\mathrm{C}_2=\dfrac{6!}{2!\,4!}=15\,(\text{通り})$

POINT　組合せの総数

(1) $_n\mathrm{C}_r=\dfrac{n!}{r!\,(n-r)!}$

(2) $_n\mathrm{C}_r=\dfrac{_n\mathrm{P}_r}{r!}$

(3) $_n\mathrm{C}_r=\,_n\mathrm{C}_{n-r}$

(例)

1	2	3	4	5	6
○	×	○	×	○	○

Check!　ある試験では，10問の中から6問を選んで解答する。解答する問題の選び方は何通りあるか。

解答　$_{10}\mathrm{C}_6=\dfrac{10!}{6!\,4!}=\dfrac{10\cdot9\cdot8\cdot7}{4\cdot3\cdot2\cdot1}=\boxed{\text{ア}}\,(\text{通り})$ **答**

ア　210

練習問題 解答編 ▶ p.17

1 次の問に答えなさい。

☐(1)　8人の生徒が1列に並ぶとき，並び方は何通りあるか。

☐(2)　2種類の文字 A，B を繰り返し用いることを許して8個並べて文字列をつくるとき，文字列は全部で何個あるか。

☐(3)　A，B，C，D，E，F の6人が，A の誕生会を開くために6人用の円卓を囲んで座るとき，座り方は何通りあるか。

2 次の問に答えなさい。

☐(1)　「右」と書かれたカードが5枚，「上」と書かれたカードが3枚の計8枚のカードを1列に並べるときの並べ方は何通りあるか。

Jump Up!
☐(2)　赤球3個，白球11個の計14個の球を1列に並べるとき，赤球がすべて奇数番目に並ぶ並べ方は何通りあるか。

13 積の法則，和の法則

1 積の法則

複数の事柄が同時に起こることを考える中で，それぞれの事柄について起こる場合の数を扱っていくときに，積の法則を利用します。

例 男子2人と女子3人が1列に並ぶとき，両端が男子となる並び方は何通りあるか。

解答 両端の男子2人の並び方は $_2P_2=2$（通り）

そのおのおのについて女子3人の並び方は $_3P_3=6$（通り）

よって，積の法則から

$_2P_2 \cdot _3P_3 = 2 \cdot 6 = \underline{12}$（通り）答

> **POINT** 積の法則
>
> 事柄Aの起こり方が a 通りあり，そのおのおのの場合について，事柄Bの起こり方が b 通りあるとすると，AとBがともに起こる場合の数は ab 通りある。

Check! 赤球，白球，黒球がそれぞれ2個ずつある。これら6個の球を1列に並べるときの並べ方は何通りあるか。

解答 球を並べる位置を 1，2，3，4，5，6 とすると，赤球を置く位置の選び方は，6個の数字から2個の数字を選ぶと考えて $_6C_2=$ | ア | （通り）

そのおのおのについて白球を置く位置の選び方は，残りの4個の数字から2個の数字を選ぶと考えて $_4C_2=6$（通り）

最後に残った2つの数字の位置に黒球を置くと考えると $_2C_2=1$（通り）

よって，積の法則から，全体の並べ方は

$_6C_2 \cdot _4C_2 \cdot _2C_2 = $| ア |$\cdot 6 \cdot 1 = $| イ |（通り）答

> ア 15　イ 90

2 和の法則

同時には起こらない複数の場合に切り分けて考えていくときに，和の法則を利用します。

例 大小2個のさいころを投げるとき，出た目の積が5または6になる場合は何通りあるか。

解答 積が5の場合と，積が6の場合があり，これらは同時には起こらない。

積が5の場合は，(1, 5)，(5, 1) の2通りある。

積が6の場合は，(1, 6)，(2, 3)，(3, 2)，(6, 1) の4通りある。

よって，和の法則から $2+4=6$（通り）答

> **POINT** 和の法則
>
> 2つの事柄 A，B は同時には起こらないとする。
>
> Aの起こり方が a 通りあり，Bの起こり方が b 通りあるとすると，AまたはBが起こる場合の数は $a+b$ 通りある。

Check! 1から40までの整数の中から異なる3個の数を選ぶとき，3個の数の和が偶数となる選び方は何通りあるか。 なぞろう!

解答 3個の数が，「偶数，偶数，偶数」の場合と「偶数，奇数，奇数」の場合があり，これらは同時には起こらない。偶数は20個，奇数は20個あるので，

「偶数，偶数，偶数」の選び方は $_{20}C_3 = \dfrac{20 \cdot 19 \cdot 18}{3 \cdot 2 \cdot 1} = 1140$（通り）

「偶数，奇数，奇数」の選び方は

$${}_{20}\mathrm{C}_1 \cdot {}_{20}\mathrm{C}_2 = 20 \cdot \frac{20 \cdot 19}{2 \cdot 1} = 3800 \text{ (通り)} \quad \leftarrow \text{積の法則}$$

よって，和の法則から，全体の選び方は 1140＋3800＝4940 (通り) 答

練習問題　解答編 ▶ p.18

1 次の問に答えなさい。

□(1) 女子 8 人，男子 10 人のグループから女子 2 人，男子 3 人の計 5 人を選ぶ選び方は何通りあるか。

□(2) 男子 4 人，女子 2 人が 1 列に並ぶとき，女子 2 人が隣り合うような並び方は何通りあるか。

Jump Up!

□(3) K，A，N，G，O，G，A，K，U の 9 文字すべてを 1 列に並べるとき，異なる文字列は何通りあるか。

2 次の問に答えなさい。

□(1) 1 から 8 までの数字が 1 つずつ書いてある 8 枚のカードがある。この 8 枚のカードを 1 列に並べるとき，偶数と奇数が 1 つずつ交互に並ぶ並べ方は何通りあるか。

□(2) 1 から 7 までの 7 枚の番号札を，それぞれ 2 つの箱 A，B のどちらかに入れる。A に札が 3 枚以上あり，B に札が 2 枚以上あるような分け方は全部で何通りあるか。

14　確　率

① 事象 A，B の和事象 $(A \cup B)$ の確率

「A または B が起こる」事象を A と B の和事象 $(A \cup B)$，「A と B がともに起こる」事象を A と B の積事象 $(A \cap B)$ といいます。和事象の確率を求めるときは A と B が互いに排反かどうかに注意します。排反であるときは確率の加法定理を利用します。

例　事象 A が起こる確率が $\dfrac{1}{3}$，事象 B が起こる確率が $\dfrac{2}{5}$，A，B がともに起こる確率が $\dfrac{2}{15}$ であるとき，A，B の少なくとも一方が起こる確率を求めなさい。

解答　$P(A \cup B) = P(A) + P(B) - P(A \cap B)$

$$= \dfrac{1}{3} + \dfrac{2}{5} - \dfrac{2}{15} = \dfrac{9}{15} = \dfrac{3}{5}\ \boxed{答}$$

POINT	確率の和の公式

(1) $P(A \cup B)$
$\quad = P(A) + P(B) - P(A \cap B)$

(2) 確率の加法定理
　　事象 A，B が排反
　　$(A \cap B = \varnothing)$ であるとき
　　$P(A \cup B) = P(A) + P(B)$

Check!　2個のさいころを同時に投げるとき，出た目の和が5の倍数になる確率を求めなさい。

解答　2個のさいころを同時に投げるときの目の出方は，全部で $6 \cdot 6 = 36$（通り）

目の和が5になるという事象を A，目の和が10になるという事象を B とすると
$$A = \{(1,\ 4),\ (2,\ 3),\ (3,\ 2),\ (4,\ 1)\},\quad B = \{(4,\ 6),\ (5,\ 5),\ (6,\ 4)\}$$
目の和が5の倍数になる事象は $A \cup B$ であり，A と B が互いに排反であることから
$$P(A \cup B) = P(A) + P(B)$$

$$= \boxed{ア} + \boxed{イ} = \boxed{ウ}\ \boxed{答}$$

ア $\dfrac{4}{36}\left(\dfrac{1}{9}\right)$ 　イ $\dfrac{3}{36}\left(\dfrac{1}{12}\right)$ 　ウ $\dfrac{7}{36}$

② 2つの試行の確率

2つの試行が互いに他方の結果に影響を及ぼさないとき，これらの試行は独立であるといいます。2つの試行が独立でないときの積事象の確率は，確率の乗法定理を利用して求めます。

例　1個のさいころを2回投げるとき，1回目に3以上の目が出て，2回目に5以上の目が出る確率を求めなさい。

解答　1個のさいころを2回投げるとき，1回目と2回目は独立な試行となるので，求める確率は

$$\dfrac{4}{6} \cdot \dfrac{2}{6} = \dfrac{2}{9}\ \boxed{答}$$

POINT	確率の積の公式

(1) 独立な試行の確率
　　2つの独立な試行 S，T を行うとき，S では事象 A が起こり，T では事象 B が起こるという事象を C とすると
　　$$P(C) = P(A) \times P(B)$$

(2) 条件付き確率
$$P_A(B) = \dfrac{P(A \cap B)}{P(A)}$$
　　（A が起こったときに B が起こる確率）

(3) 確率の乗法定理
$$P(A \cap B) = P(A) \times P_A(B)$$

Check!　9本のくじの中に当たりくじが2本ある。引いたくじをもとに戻さないで2本引いたとき，2本とも当たる確率を求めなさい。

✎ なぞろう！

解答　

　２本目を引くときは，８本のくじの中に当た
りくじが１本あるので，２本目が当たる確率は $\dfrac{1}{8}$

　よって，２本とも当たる確率は $\dfrac{2}{9} \cdot \dfrac{1}{8} = \dfrac{1}{36}$ **答**

←１本目が当たるという事象を A，
２本目が当たるという事象を B
とすると，$P(A) = \dfrac{2}{9}$,
$P_A(B) = \dfrac{1}{8}$

← $P(A \cap B) = P(A) \times P_A(B)$

練習問題　解答編 ▶ p.20

1 次の問に答えなさい。

□(1)　赤球３個と白球２個が入った袋から，無作為に球を２個同時に取り出すとき，取り出した
２個の球が同じ色である確率を求めなさい。

□(2)　１から50までの番号をつけた50枚のカードから１枚を引くとき，そのカードの番号が6
の倍数または9の倍数である確率を求めなさい。

2 次の問に答えなさい。

□(1)　C，Dの２人が，赤球３個と白球２個が入った袋からC，Dの順に１個ずつ球を取り出す
とき，CとDが取り出した球がともに白球である確率を求めなさい。ただし，取り出した球
は袋に戻さないものとする。

□(2)　１個のさいころを３回投げるとき，１の目が２回出る確率を求めなさい。

Jump Up!

□(3)　赤球３個，白球４個，青球５個が入っている袋から，３個の球を１個ずつ取り出すとき，
３個目が白球である確率を求めなさい。ただし，取り出した球は袋に戻さないものとする。

第5章　場合の数と確率

15 期待値

① ゲームの得点の期待値

　ゲームの得点ごとに対応した確率を求めて，すべての得点についての (得点)×(確率) の和を計算します。すべての得点についてみたとき確率の和が1となることに注意します。

[例] さいころを1回投げて，出た目の10倍が得点となるゲームがあるとき，得点の期待値を求めなさい。

[解答] 得点とそれぞれの確率は表のようになる。

得点	10	20	30	40	50	60	計
確率	$\frac{1}{6}$	$\frac{1}{6}$	$\frac{1}{6}$	$\frac{1}{6}$	$\frac{1}{6}$	$\frac{1}{6}$	1

POINT 得点の期待値

[Ⅰ] 得点ごとの確率を表に整理
[Ⅱ] (得点)×(確率) の和を計算

得点の期待値は $10\times\frac{1}{6}+20\times\frac{1}{6}+30\times\frac{1}{6}+40\times\frac{1}{6}+50\times\frac{1}{6}+60\times\frac{1}{6}=\frac{210}{6}=\underline{35}$ (点) [答]

Check! さいころを1回投げて，1の目が出たら100点，2の目が出たら50点，3から6の目が出たら30点の得点となるゲームを考えるとき，得点の期待値を求めなさい。

[解答] 得点とそれぞれの確率は表のようになる。得点の期待値は

$100\times\frac{1}{6}+50\times\frac{1}{6}+30\times\frac{4}{6}=\frac{270}{6}=\underline{45}$ (点) [答]

 なぞろう！

得点	100	50	30	計
確率	$\frac{1}{6}$	$\frac{1}{6}$	$\frac{4}{6}$	1

← 確率は約分しない方が計算しやすい

② X のとる値の期待値

　考えられるすべてのXの値についての確率 $P(X)$ を求め，表を作成してXに関する確率の分布を把握します。X の期待値は，X と $P(X)$ の値をかけ算したものをすべて足し合わせて求めます。

[例] 赤球2個と白球2個の入っている袋から一度に2個の球を取り出すとき，その中に含まれる赤球の個数の期待値を求めなさい。

[解答] 赤球の個数をXとすると，Xのとる値は0，1，2

$X=0$，1，2 となる確率はそれぞれ

$\frac{{}_2C_2}{{}_4C_2}=\frac{1}{6}$，$\frac{{}_2C_1\cdot{}_2C_1}{{}_4C_2}=\frac{4}{6}$，$\frac{{}_2C_2}{{}_4C_2}=\frac{1}{6}$

となり右表のようになる。赤球の個数の期待値を $E(X)$ とすると

$E(X)=0\times\frac{1}{6}+1\times\frac{4}{6}+2\times\frac{1}{6}=\frac{6}{6}=\underline{1}$ (個) [答]

POINT X の期待値

Xのとる値とそれらの確率が表のようになるとき，X の期待値 $E(X)$ は
$$E(X)=x_1p_1+x_2p_2+\cdots+x_np_n$$
$$(p_1+p_2+\cdots+p_n=1)$$

X	x_1	x_2	$\cdots$	x_n	計
$P(X)$	p_1	p_2	$\cdots$	p_n	1

X	0	1	2	計
$P(X)$	$\frac{1}{6}$	$\frac{4}{6}$	$\frac{1}{6}$	1

Check! 赤球3個と白球2個の入っている袋から，一度に2個の球を取り出すとき，その中に含まれる赤球の個数の期待値を求めなさい。

[解答] 赤球の個数をXとすると，Xのとる値は0，1，2

$X=0$, 1, 2 となる確率はそれぞれ

$$\frac{{}_2C_2}{{}_5C_2}=\frac{1}{10}, \quad \frac{{}_3C_1\cdot{}_2C_1}{{}_5C_2}=\frac{6}{10}, \quad \frac{{}_3C_2}{{}_5C_2}=\boxed{\text{ア}}$$

X	0	1	2	計
$P(X)$	$\frac{1}{10}$	$\frac{6}{10}$	$\boxed{\text{ア}}$	1

赤球の個数の期待値を $E(X)$ とすると　◀ $\frac{1}{10}+\frac{6}{10}+\boxed{\text{ア}}=1$ を確認

$$E(X)=0\times\frac{1}{10}+1\times\frac{6}{10}+2\times\boxed{\text{ア}}=\boxed{\text{イ}}\quad\text{答}$$

ア $\dfrac{3}{10}$　イ $\dfrac{6}{5}$

練 習 問 題　解答編 ▶ p.22

1　次の問に答えなさい。

□(1)　袋の中に 10000 点と書かれたカードが 1 枚，1000 点と書かれたカードが 2 枚，100 点とかかれたカードが 5 枚，0 点と書かれたカードが 12 枚の合計 20 枚の同じ大きさのカードが入っている。この袋から 1 枚のカードを取り出して，出た点数が得点となるゲームがあるとき，得点の期待値を求めなさい。

JumpUp!

□(2)　袋の中に，0, 1, 2, 3, 4 と番号が付けられた同じ大きさの 5 個の球が入っている。この袋から 3 個の球を同時に取り出して，出た番号の数の組合せにより，次のように得点を与えるゲームを考える。

　　　　出た数の中に 0 が含まれる場合の得点は 0 点とする。

　　　　その他の場合は，出た数のうち最大のものを得点とする。

　　このゲームを 1 回行うときの得点の期待値を求めなさい。

2　次の問に答えなさい。

□(1)　赤球 3 個と白球 3 個の入っている袋から，一度に 3 個の球を取り出すとき，その中に含まれる赤球の個数の期待値を求めなさい。

□(2)　赤球 4 個と白球 2 個の入っている袋から，一度に 2 個の球を取り出すとき，赤球は 1 個につき 2 点もらえ，白球は 1 個につき 1 点もらえるとする。このとき得られる点数の期待値を求めなさい。

第 5 章　場合の数と確率

16　線分の長さの比

① 三角形の内角の二等分線

三角形の3つの内角の二等分線は1点で交わり，この点を三角形の内心といいます。三角形の内角の二等分線が，この内角と向かい合う辺をどのような比に内分するかを求める公式があります。

例　△ABC において，AB＝7，BC＝6，CA＝5 とし，∠A の二等分線と辺 BC の交点をDとするとき，BD の長さを求めなさい。

解答　AD は ∠A の二等分線であるから

$$BD:DC=AB:AC=7:5$$

$$BD=\frac{7}{7+5}BC=\frac{7}{12}\cdot6=\frac{7}{2}　\text{答}$$

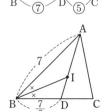

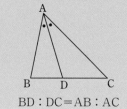

POINT　角の二等分線と比

△ABC の ∠A の二等分線と辺 BC との交点Dは，辺 BC を AB：AC に内分する。

$$BD:DC=AB:AC$$

Check!　例で，∠B の二等分線と AD の交点を I とするとき，AI：ID を求めなさい。

解答　BI は ∠B の二等分線であるから

$$AI:ID=BA:BD$$　←点 I は △ABC の内心

　I を中心として △ABC の内接円がかける

$$=7:\frac{7}{2}=2:1　\text{答}$$

なぞろう!

② 三角形の重心

三角形の頂点と向かい合う辺の中点を結ぶ線分を中線といいます。三角形の3つの中線は1点で交わり，この点を三角形の重心といいます。重心は各中線を 2：1 に内分します。

例　△ABC の重心をGとし，2点 A，G から直線 BC に下ろした垂線をそれぞれ AH，GK とするとき，AH：GK を求めなさい。

解答　直線 AG と辺 BC の交点をDとすると，Gは重心なので

$$AG:GD=2:1$$
$$AD:GD=3:1$$

となる。GK∥AH より △DAH∽△DGK から

$$AH:GK=AD:GD=3:1　\text{答}$$

POINT　三角形の重心

△ABC において，辺 BC，CA，AB の中点をそれぞれ L，M，N とすると，中線 AL，BM，CN は重心Gで交わっており

$$AG:GL=2:1$$
$$BG:GM=2:1$$
$$CG:GN=2:1$$

Check!　例で，△ABC の面積が 36 のとき，△GBC の面積を求めなさい。

解答　$\triangle ABC:\triangle GBC=\dfrac{1}{2}\cdot BC\cdot AH:\dfrac{1}{2}\cdot BC\cdot GK$

$$=AH:GK=3:1$$

$$\triangle GBC = \boxed{\text{ア}} \cdot \triangle ABC = \boxed{\text{ア}} \cdot 36 = \boxed{\text{イ}}$$ 答

ア $\dfrac{1}{3}$　イ 12

練 習 問 題　解答編 ▶ p.23

1 次の問に答えなさい。

□(1)　△ABC において，∠A の二等分線と辺 BC の交点を D とする。AB＝6，BC＝5，BD＝3 のとき，辺 AC の長さを求めなさい。

□(2)　△ABC において，AB＝10，BC＝8，CA＝9 とし，∠B の二等分線と辺 AC の交点を D とする。面積比 △ABD：△BCD を求めなさい。

□(3)　AB＝5，BC＝10，CA＝7 の △ABC がある。△ABC の内心を I とし，直線 AI と辺 BC の交点を D とするとき，AI：ID を求めなさい。

2 次の問に答えなさい。

□(1)　平行四辺形 ABCD の辺 AB の中点を E とする。また，△BCD の重心を G とし，直線 DG と辺 BC との交点を F とする。EF＝9 のとき，線分 AG の長さを求めなさい。

🏃 Jump Up!

□(2)　AC＝18，BC＝12 である △ABC の重心を G とし，直線 BG と辺 AC との交点を D とする。∠ACB の二等分線と線分 BD との交点を E とするとき，DG：GE を求めなさい。

17　チェバの定理，メネラウスの定理

① チェバの定理

図を用いて一筆書きの要領で公式を覚えておき，辺の長さの比をあてはめて利用します。3つの直線の交点となる1つの注目する点がありますが，この点は公式には現れていません。

例 図の △ABC で，BP：PC＝1：2，AQ：QC＝3：2 のとき，AR：RB を求めなさい。

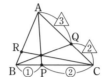

解答 チェバの定理により

$$\frac{AR}{RB} \cdot \frac{BP}{PC} \cdot \frac{CQ}{QA} = 1 \text{ であり } \frac{AR}{RB} \cdot \frac{1}{2} \cdot \frac{2}{3} = 1$$

$$\frac{AR}{RB} = \frac{3}{1} \text{ より } \underline{AR：RB＝3：1} \text{ 答}$$

Check! 上の **解答** では，図の三角形を「反時計回り」にみて式をつくっている。「時計回り」にみて，AR：RB を求めなさい。

解答 チェバの定理により　*なぞろう!*

$$\frac{AQ}{QC} \cdot \frac{CP}{PB} \cdot \frac{BR}{RA} = 1 \text{ であり } \frac{3}{2} \cdot \frac{2}{1} \cdot \frac{RB}{AR} = 1$$

$$\frac{RB}{AR} = \frac{1}{3} \text{ より } \underline{AR：RB＝3：1} \text{ 答}$$

POINT チェバの定理

△ABC の辺 BC，CA，AB 上の点をそれぞれ P，Q，R とする。AP，BQ，CR が1点Xで交わるとき

$$\frac{AR}{RB} \cdot \frac{BP}{PC} \cdot \frac{CQ}{QA} = 1$$

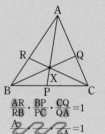

$$\frac{AR}{RB} \cdot \frac{BP}{PC} \cdot \frac{CQ}{QA} = 1$$

② メネラウスの定理

1つの三角形に注目して，3辺またはその延長上の点に関する線分の長さの比を求めることができます。長さの比を求めたい線分と，どの三角形に注目するかをはじめに確認しましょう。

例 図の △OAB で，OC：CA＝1：2，OD：DB＝3：2 のとき，AP：PD を求めなさい。

解答 △OAD と直線 BC に関して，メネラウスの定理により $\frac{OC}{CA} \cdot \frac{AP}{PD} \cdot \frac{DB}{BO} = 1$ であり $\frac{1}{2} \cdot \frac{AP}{PD} \cdot \frac{2}{5} = 1$

$$\frac{AP}{PD} = \frac{5}{1} \text{ より } \underline{AP：PD＝5：1} \text{ 答}$$

Check! 例の △OAB で，CP：PB を求めなさい。

解答 △OCB と直線 AD に関して，*なぞろう!* メネラウスの定理により

$$\frac{OA}{AC} \cdot \frac{CP}{PB} \cdot \frac{BD}{DO} = 1 \text{ であり } \frac{3}{2} \cdot \frac{CP}{PB} \cdot \frac{2}{3} = 1$$

POINT メネラウスの定理

△ABC のどの頂点も通らない直線 l が辺 BC，CA，AB またはその延長と交わる点をそれぞれ P，Q，R とすれば

$$\frac{AR}{RB} \cdot \frac{BP}{PC} \cdot \frac{CQ}{QA} = 1$$

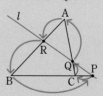

$$\frac{AR}{RB} \cdot \frac{BP}{PC} \cdot \frac{CQ}{QA} = 1$$

$$\frac{\text{CP}}{\text{PB}}=\frac{1}{1} \quad \text{より} \quad \underline{\text{CP}:\text{PB}=1:1}\,\text{答}$$

練 習 問 題　解答編 ▶ p.25

1　次の問に答えなさい。

☐(1)　△ABC の内部に点Xがあり，点Xと3頂点 A，B，C を結んだ直線が，3辺 BC，CA，AB とそれぞれ P，Q，R で交わっている。CQ：QA＝18：19，AR：RB＝17：6 のとき，BP：PC を求めなさい。

Jump Up!

☐(2)　t を $0<t<1$ を満たす実数とし，△ABC において，辺 AB，BC，CA をそれぞれ 2：1，$t:(1-t)$，1：3 に内分する点を D，E，F とする。3直線 AE，BF，CD が1点で交わるときの t の値を求めなさい。

2　次の問に答えなさい。

☐(1)　△ABC において，辺 AB を 1：2 に内分する点を D，辺 BC を 1：2 に内分する点を E とする。線分 AE と線分 CD の交点をFとするとき，$\dfrac{\text{CF}}{\text{DF}}$ の値を求めなさい。

☐(2)　△ABC において，辺 AB を 3：2 に内分する点を D，辺 AC を 5：3 に内分する点を E とする。線分 BE と線分 CD の交点をFとするとき，CF：FD を求めなさい。

18 方べきの定理

方べきの定理は，円と2つの直線が与えられたときの線分の長さを求めるときに利用できます。円と直線の配置で3つのパターンがあります。少し複雑な設定の問題では，相似な三角形の辺の比や，直径に対応する円周角が直角であることなどの図形の性質を利用することがあります。

例 点Oを中心とする円Cの外部の点Pから円Cと2点A，Bで交わる直線を引く。PO＝12，PA＝9，PB＝12であるとき，円Cの半径rを求めなさい。

解答 直線OPと円Cの2つの交点をQ，Rとすると，方べきの定理よりPQ・PR＝PA・PBである。

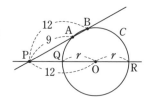

$$(12-r)(12+r)=9\cdot12$$
$$144-r^2=108$$
$$r^2=36$$

$r>0$ より $\underline{r=6}$ **答**

Check! 例で，点Pから円Cに引いた接線lの接点をTとするとき，線分PTの長さを求めなさい。 なぞろう!

解答 方べきの定理より

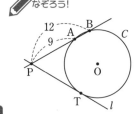

$PT^2=PA\cdot PB$ である。
$$PT^2=9\cdot12=108$$

$PT>0$ より $\underline{PT=6\sqrt{3}}$ **答**

Check! AB＝9，BC＝12，CA＝15の△ABCの外接円をOとする。辺BC上に点Pをとり，線分APの延長と円Oとの交点をQとする。BP＝9のとき，線分PQの長さを求めなさい。

解答 $AB^2+BC^2=225$，$CA^2=225$ より
$AB^2+BC^2=CA^2$ が成り立つので，
△ABCは，∠ABC＝90°の直角三角形である。

AB＝BP＝9 より，△ABPは直角二等辺三角形で

$$AP=9\sqrt{2}$$

方べきの定理より PA・PQ＝PB・PC
$$9\sqrt{2}\cdot PQ=9\cdot(12-9)$$

これより PQ＝ ア **答**

POINT 方べきの定理の利用

(1) 同一の円の2つの弦 AB，CD の延長が円の外部の点Pで交わっているとき
$$PA\cdot PB=PC\cdot PD$$

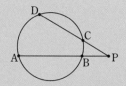

(2) 円の外部の点Pから円に引いた接線の接点をTとする。Pを通る直線がこの円と2点A，Bで交わっているとき
$$PA\cdot PB=PT^2$$

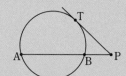

(3) 円に内接する四角形 ABCD の2つの弦 AC，BD が点Pで交わっているとき
$$PA\cdot PC=PB\cdot PD$$

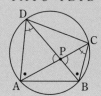

ア $\dfrac{3\sqrt{2}}{2}$

練習問題 解答編 ▶ p.26

1 次の問に答えなさい。

□(1) 点Oを中心とする半径3の円Cの外部の点Pを通る直線が円Cと異なる2点A，Bで交わるとする。PA·PB＝16 のとき，線分 OP の長さを求めなさい。

□(2) 点Oを中心とする半径4の円をCとする。円Cの外部の点Pを通る直線が円Cと異なる2点A，Bで交わるとする。PA＝8，AB＝6 であるとき，線分 OP の長さを求めなさい。

□(3) 長さ2の線分 AB を直径とする円の周上に点Cを ∠BAC＝30° となるようにとる。線分 AC の中点を M，線分 BC を直径とする円と線分 BM の交点のうちBと異なる方をPとするとき，2つの線分の長さの積 MP·MB を求めなさい。

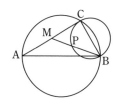

Jump Up!

□(4) 円に内接する四角形 ABCD について，各辺の長さが AB＝5，BC＝6，CD＝2，DA＝3 であるとする。直線 AB と直線 CD は平行ではないので，1点で交わる。この交点をPとするとき，線分 PA の長さを求めなさい。

第6章 図形の性質

19　不定方程式の整数解

① 1次不定方程式 ･････････････････････････････････

　a, b が互いに素の整数で c が整数のとき，x, y の1次方程式 $ax+by=c$ の整数解は無数に存在します。整数解の1つを自分で用意し，倍数に注目して解全体を求める方法を利用します。

例　**方程式** $5x+7y=121$ ……① **の整数解をすべて求めなさい。**

解答　$x=20$, $y=3$ は①を満たしており

$$5\cdot20+7\cdot3=121 \quad\cdots\cdots②$$

①－② より　$5(x-20)+7(y-3)=0$

$$5(x-20)=-7(y-3) \quad\leftarrow 5(x-20)=(7\text{の倍数})$$

　5と7は互いに素であるので，$x-20$ は7の倍数であり，k を整数として $x-20=7k$ と表すことができる。

　このとき　$y-3=-5k$

　よって，求める整数解は

　　$\underline{x=7k+20,\ y=-5k+3}$　（k は整数）**答**

POINT　1次不定方程式

　a, b が互いに素の整数のとき，$ax+by=c$ の型の方程式の整数解の求め方

[Ⅰ]　1組の解 $x=p$, $y=q$ を用意して $ap+bq=c$ をつくる。

[Ⅱ]　$a(x-p)=-b(y-q)$ と変形する。

[Ⅲ]　k を整数として
$$\begin{cases} x-p=bk \\ y-q=-ak \end{cases}\text{より}$$
$$\begin{cases} x=bk+p \\ y=-ak+q \end{cases}$$

Check!　等式 $5x+7y=121$ ……① **を満たす自然数** x, y **の組**(x, y)**をすべて求めなさい。**

解答　上の **例** の整数解について，$x>0$ かつ $y>0$ より　$7k+20>0$ かつ $-5k+3>0$，すなわち $-\dfrac{20}{7}<k<\dfrac{3}{5}$ となり，$k=-2$, -1, 0 のとき x, y は自然数となる。

　よって　$(x, y)=(\boxed{\text{ア}\qquad}, 13),\ (\boxed{\text{イ}\qquad}, 8),\ (20, 3)$ **答**

ア 6　イ 13

② 2次不定方程式 ･････････････････････････････････

　$xy+px+qy+r=0$ の形の不定方程式の整数解は，（x の1次式）×（y の1次式）＝（整数）の形に変形し，右辺の約数に注目して求めます。

例　**等式** $xy+2x+y=3$ **を満たす整数** x, y **の組**(x, y)**をすべて求めなさい。**

解答　$x(y+2)+y=3$　　$\leftarrow$ 両辺に2を加えて左辺が因数分解できる形にする

$$x(y+2)+(y+2)=3+2$$
$$(x+1)(y+2)=5$$

　$x+1$, $y+2$ は整数であり，これらは5の約数（負の約数も含む）である。

$$\begin{cases} x+1=5 \\ y+2=1 \end{cases},\ \begin{cases} x+1=1 \\ y+2=5 \end{cases},\ \begin{cases} x+1=-5 \\ y+2=-1 \end{cases},\ \begin{cases} x+1=-1 \\ y+2=-5 \end{cases}\text{より}$$

　$\underline{(x, y)=(4, -1),\ (0, 3),\ (-6, -3),\ (-2, -7)}$ **答**

POINT　2次不定方程式

　x, y, a, b, N を整数とする。
$$(x+a)(y+b)=N$$
のとき，$x+a$, $y+b$ は N の正または負の約数である。

Check!　$\sqrt{4n^2+29}$ **が自然数になるような自然数** n **の値を求めなさい。**

解答　m を自然数として，$\sqrt{4n^2+29}=m$ とすると　$4n^2+29=m^2$

$m^2 - 4n^2 = 29$ より $(m+2n)(m-2n) = 29$

$m+2n$, $m-2n$ は整数であり，これらは 29 の約数である。

$m+2n > 1$ であるので，$\begin{cases} m+2n = 29 \\ m-2n = 1 \end{cases}$ より $\begin{cases} m = 15 \\ n = 7 \end{cases}$

したがって，$\underline{n = 7}$ 答

練習問題 解答編 ▶ p.27

1 次の問に答えなさい。

☐ (1) x, y を正の整数とする。方程式 $3x + 2y = 100$ を満たす x, y の組 (x, y) は全部で何個あるか。

☐ (2) 1次不定方程式 $17x + 15y = 1$ の整数解をすべて求めなさい。

2 次の問に答えなさい。

☐ (1) 等式 $mn - 4m + 3n = 24$ を満たす自然数 m, n の組 (m, n) は全部で何個あるか。

☐ (2) 等式 $\dfrac{4}{k} + \dfrac{3}{m} = 2$ を満たす整数 k, m の組 (k, m) をすべて求めなさい。

JumpUp!

☐ (3) $\sqrt{4n^2 + 165}$ が自然数になるような自然数 n の値をすべて求めなさい。

第7章 整数の性質

20 式の展開

① a^3 と b^3 を含む式

3次式の展開と因数分解では，係数の符号に注意が必要です。a^3+b^3 を $a+b$ と ab を用いて表す変形は，3次方程式の問題や三角関数，指数関数の計算問題でも利用することがあります。

例 $(2x+y)^3$ を展開しなさい。

解答 $(2x+y)^3=(2x)^3+3\cdot(2x)^2y+3\cdot(2x)y^2+y^3$
$\underline{}=8x^3+12x^2y+6xy^2+y^3$ 答

Check! $(x-3y)^3$ を展開しなさい。

解答 $(x-3y)^3$ ✏なぞろう!
$=x^3-3\cdot x^2\cdot(3y)+3\cdot x\cdot(3y)^2-(3y)^3$
$=x^3-9x^2y+27xy^2-27y^3$ 答

例 $27x^3+8$ を因数分解しなさい。

解答 $27x^3+8=(3x)^3+2^3$ ◀ a^3+b^3 の因数分解で $a=3x$, $b=2$
$=(3x+2)\{(3x)^2-3x\cdot2+2^2\}$
$=(3x+2)(9x^2-6x+4)$ 答

Check! $a=2+\sqrt{3}$, $b=2-\sqrt{3}$ のとき，a^3+b^3 の値を求めなさい。

解答 $a+b=(2+\sqrt{3})+(2-\sqrt{3})=$ ｱ
$ab=(2+\sqrt{3})(2-\sqrt{3})=$ ｲ
よって　$a^3+b^3=(a+b)^3-3ab(a+b)$
$=4^3-3\cdot1\cdot4=$ ｳ 答

ｱ 4　ｲ 1　ｳ 52

POINT 3次式の計算

(1) 展開でよく用いる式
$(a+b)^3=a^3+3a^2b+3ab^2+b^3$
$(a-b)^3=a^3-3a^2b+3ab^2-b^3$

(2) 因数分解でよく用いる式
$a^3+b^3=(a+b)(a^2-ab+b^2)$
$a^3-b^3=(a-b)(a^2+ab+b^2)$

(3) 対称式などで利用する式
$a^3+b^3=(a+b)^3-3ab(a+b)$
$a^3-b^3=(a-b)^3+3ab(a-b)$

▶ $a^3=(2+\sqrt{3})^3$
$=2^3+3\cdot2^2\cdot\sqrt{3}+3\cdot2\cdot(\sqrt{3})^2$
$+(\sqrt{3})^3$
$=26+15\sqrt{3}$
同様に　$b^3=26-15\sqrt{3}$
よって，$a^3+b^3=52$
としてもよい。

② 二項定理

$(a+b)^n$ を展開したときの $a^{n-r}b^r$ を含む項の係数は ${}_nC_r$ となり，${}_nC_r a^{n-r}b^r$ を展開式の一般項といいます。指数法則の $(ab)^m=a^m b^m$，${}_nC_r={}_nC_{n-r}$ の関係にも注意しましょう。

例 $(x+3)^8$ の x^4 の係数を求めなさい。

解答 $(x+3)^8$ を展開したときの一般項は
${}_8C_r x^{8-r}3^r={}_8C_r 3^r x^{8-r}$ ◀ $(a+b)^8$ の展開で $a=x$, $b=3$
x^4 の項は $8-r=4$ より $r=4$ のときで，その係数は
${}_8C_4 3^4=70\cdot81=\underline{5670}$ 答

Check! $(3x-2)^7$ の x^5 の係数を求めなさい。

解答 $(3x-2)^7$ を展開したときの一般項は
${}_7C_r(3x)^{7-r}(-2)^r={}_7C_r 3^{7-r}(-2)^r x^{7-r}$ ◀ $(a+b)^7$ の展開で $a=3x$, $b=-2$
x^5 の項は $7-r=5$ より $r=$ ｱ のときで，その係数は
${}_7C_2 3^5(-2)^2=21\cdot243\cdot4=$ ｲ 答

POINT 二項定理

$(a+b)^n={}_nC_0 a^n+{}_nC_1 a^{n-1}b+$
$\cdots+{}_nC_r a^{n-r}b^r+\cdots$
$+{}_nC_{n-1}ab^{n-1}+{}_nC_n b^n$

▶ $a^{n-r}b^r$ の項の係数は ${}_nC_r$
なお，${}_nC_r={}_nC_{n-r}$ である。

▶ ${}_nC_r=\dfrac{n!}{r!(n-r)!}$

ｱ 2　ｲ 20412

練 習 問 題 解答編 ▶ p.29

1 次の問に答えなさい。

☐(1) $(3x-5y)^3$ を展開しなさい。

☐(2) $x=\dfrac{3+\sqrt{5}}{2}$, $y=\dfrac{3-\sqrt{5}}{2}$ のとき，x^3+y^3 の値を求めなさい。

☐(3) $64x^6-y^6$ を因数分解しなさい。

2 次の問に答えなさい。

☐(1) $(x-2)^{11}$ の x^2 の係数を求めなさい。

☐(2) $(x+2)^5(2y-1)^6$ の展開式における x^3y^3 の項の係数を求めなさい。

Jump Up!
☐(3) $\left(\dfrac{x^2}{2}+\dfrac{1}{x^2}\right)^{10}$ の展開式における x^{12} の係数を求めなさい。

21　不等式の証明

① 不等式の証明

$A \geqq B$ の証明では，A と B の大小比較ではなく，$A-B$ と 0 の大小比較をすることがよくあります。$A-B \geqq 0$ を示す根拠として，X が実数のとき $X^2 \geqq 0$ であることなどを利用します。

例　a，b を実数とするとき，$(a+b)^2 \geqq 4ab$ を証明しなさい。

解答　$(a+b)^2 - 4ab$
$\qquad = a^2 + b^2 - 2ab = (a-b)^2 \geqq 0$　←$a-b$ は実数
ゆえに　$(a+b)^2 \geqq 4ab$
等号が成り立つのは，$a-b=0$ すなわち $a=b$ のとき。

POINT $A \geqq B$ の証明の方針

$$A-B = \cdots = C \geqq 0$$

を，次のような方法で示す。
(1) C の部分が X^2 や X^2+Y^2 となるように変形する。
(2) C の部分が XY の形で，$X \geqq 0$ かつ $Y \geqq 0$ がいえるように変形する。

Check!　a，b を実数とするとき，$a^2 + b^2 \geqq 2(a+b-1)$ を証明しなさい。

解答　$a^2 + b^2 - 2(a+b-1)$　なぞろう！
$\qquad = a^2 - 2a + 1 + b^2 - 2b + 1$
$\qquad = (a-1)^2 + (b-1)^2 \geqq 0$　←$a-1$, $b-1$ は実数
ゆえに　$a^2 + b^2 \geqq 2(a+b-1)$
等号が成り立つのは，$a-1=0$ かつ $b-1=0$ のとき，すなわち $a=b=1$ のとき。

② 相加平均と相乗平均の関係

有名な不等式に，$A>0$，$B>0$ のときの A，B の相加平均 $\dfrac{A+B}{2}$ と相乗平均 $\sqrt{AB}$ の大小関係があります。A，B にうまく式をあてはめて，分数式の最小値などを求めることができます。

例　$a>0$ のとき，$a + \dfrac{3}{a}$ の最小値とそのときの a の値を求めなさい。

解答　$a>0$，$\dfrac{3}{a}>0$ であるから，相加平均と相乗平均の関係により　$a + \dfrac{3}{a} \geqq 2\sqrt{a \cdot \dfrac{3}{a}}$　←$A=a$, $B=\dfrac{3}{a}$
よって　$a + \dfrac{3}{a} \geqq 2\sqrt{3}$
等号が成り立つのは，$a>0$ かつ $a=\dfrac{3}{a}$ のとき，すなわち $a=\sqrt{3}$ のとき。
したがって，$a=\sqrt{3}$ のとき，最小値 $2\sqrt{3}$ **答**

POINT 相加平均と相乗平均の関係

$A>0$，$B>0$ のとき
$$\dfrac{A+B}{2} \geqq \sqrt{AB}$$
等号が成り立つのは $A=B$ のとき。（$A+B \geqq 2\sqrt{AB}$ の形で用いることもある。）

Check!　$a>0$ のとき，$\dfrac{a^2+12}{4a}$ の最小値とそのときの a の値を求めなさい。

解答　$\dfrac{a^2+12}{4a} = \dfrac{a}{4} + \dfrac{3}{a}$ であり，$\dfrac{a}{4}>0$，$\dfrac{3}{a}>0$ であるから，相加平均と相乗平均の関係により

$$\frac{a}{4}+\frac{3}{a}\geqq 2\sqrt{\frac{a}{4}\cdot\frac{3}{a}} \quad \leftarrow A=\frac{a}{4},\ B=\frac{3}{a} \qquad \text{よって} \quad \frac{a^2+12}{4a}\geqq\sqrt{3}$$

等号が成り立つのは，$a>0$ かつ $\frac{a}{4}=\frac{3}{a}$ のとき，すなわち $a=2\sqrt{3}$ のとき。

したがって，$a=\boxed{\text{ア}}$ のとき，最小値 $\boxed{\text{イ}}$ 答

ア $2\sqrt{3}$　　イ $\sqrt{3}$

練習問題　解答編 ▶ p.30

1 次の問に答えなさい。

☐(1)　a，b を実数とするとき，次の不等式が成り立つことを証明しなさい。

$$\frac{a^2+b^2}{2}\geqq\left(\frac{a+b}{2}\right)^2$$

☐(2)　$a\geqq b$，$c\geqq d$ のとき，次の不等式が成り立つことを証明しなさい。

$$2(ac+bd)\geqq(a+b)(c+d)$$

2 次の問に答えなさい。

☐(1)　$a>0$ のとき，$3a+\frac{2}{a}$ の最小値とそのときの a の値を求めなさい。

Jump Up!

☐(2)　$x^2+2x+2+\dfrac{9}{x^2+2x+2}$ の最小値とそのときの x の値を求めなさい。

第8章　式と証明・複素数と方程式

22　整式の割り算

① 筆算による割り算と恒等式の利用 ……………………………………

　整式の割り算の問題では，実際に筆算で割り算をする場合と，商と余りを用いた等式をつくって恒等式として扱う場合があります。どちらの解法が効率的かは，問題によって異なります。

例　整式 $f(x)=x^3+3x^2+ax+b$ を x^2+2x+1 で割ると余りが $2x+7$ となる。このとき，a，b の値を求めなさい。

$$
\begin{array}{r}
x+1 \\
x^2+2x+1\,\overline{)\,x^3+3x^2+ax+b} \\
\underline{x^3+2x^2+x} \\
x^2+(a-1)x+b \\
\underline{x^2+2x+1} \\
(a-3)x+(b-1)
\end{array}
$$

解答　〔1〕　筆算で余りを求めると $(a-3)x+(b-1)$

　これが $2x+7$ であるとき

　　$a-3=2$，$b-1=7$

　これを解いて　$\underline{a=5，b=8}$ **答**

解答　〔2〕　$f(x)$ の x^3 の係数が 1 であることから，商を $x+c$ とおくと

　　$x^3+3x^2+ax+b=(x^2+2x+1)(x+c)+2x+7$

　　$x^3+3x^2+ax+b=x^3+(c+2)x^2+(2c+3)x+c+7$

　x についての恒等式であるので

　　$3=c+2$，$a=2c+3$，$b=c+7$

　これを解いて　$\underline{a=5，b=8}$ **答**，$c=1$

POINT　整式の割り算

(1)　実際に割り算をする。

(2)　x の整式 A を整式 B で割ったときの商を C，余りを D とすると
$$A=BC+D$$
この式を恒等式として扱う。

② 剰余の定理 ……………………………………

　整式 $P(x)$ を 1 次式 $x-k$ で割ったときの余りは $P(k)$ となります。この剰余の定理の考え方により，整式の割り算を実際に行わなくても，条件によっては余りを求めることができます。

例　整式 $f(x)$ を $x-2$ で割ると余りが 7，$x+1$ で割ると余りが 1 となる。$f(x)$ を $(x-2)(x+1)$ で割ったときの余りを求めなさい。

解答　$f(x)$ を $(x-2)(x+1)$ で割ったときの商を $Q(x)$，余りを $ax+b$（a，b は定数）とすると

　　$$f(x)=(x-2)(x+1)Q(x)+ax+b$$

　与えられた条件から　$f(2)=7$ かつ $f(-1)=1$

　よって　$2a+b=7$，$-a+b=1$

　これを解いて　$a=2$，$b=3$

　求める余りは　$\underline{2x+3}$ **答**

POINT　剰余の定理

(1)　整式 $P(x)$ を 1 次式 $x-k$ で割ったときの余り r は，
$P(x)=(x-k)Q(x)+r$ とおき $x=k$ を代入すると $r=P(k)$

(2)　整式 $P(x)$ を 2 次式 $(x-m)(x-n)$ で割ったときの余り $ax+b$ は
$P(x)=(x-m)(x-n)Q(x)$
$+ax+b$
とおき
$P(m)=am+b$，$P(n)=an+b$
を利用して求める。

Check!　x^{10} を $(x-2)(x+1)$ で割ったときの余りを求めなさい。

解答　x^{10} を $(x-2)(x+1)$ で割ったときの商を $Q(x)$，余りを $ax+b$（a，b は定数）とすると

　　$$x^{10}=(x-2)(x+1)Q(x)+ax+b$$

　x についての恒等式であるので

▶　2 次式で割るとき，余りは 1 次式または定数となる。

$x=2$ のとき　$1024=2a+b$ ……①，$x=-1$ のとき　$1=-a+b$ ……②

①，②を解いて　$a=341$，$b=342$

求める余りは ［ア　　　　　　　　　　］ 答

ア　$341x+342$

練 習 問 題　解答編 ▶ p.31

1　次の問に答えなさい。

□(1)　整式 $f(x)=x^3+ax^2+4x+b$ を x^2+x+2 で割ると余りが $3x+5$ となる。このとき，a，b の値を求めなさい。

□(2)　整式 $f(x)=px^3+8x^2+13x+q$ が x^2+2x+1 で割り切れるとき，p，q の値を求めなさい。

2　次の問に答えなさい。

□(1)　整式 $f(x)$ を $x-1$ で割ると余りが -1，$x-2$ で割ると余りが 8 となる。$f(x)$ を $(x-1)(x-2)$ で割ったときの余りを求めなさい。

□(2)　$4x^{101}+3x^{100}-2x^{99}+1$ を x^3-x で割ったときの余りを求めなさい。

Jump Up!

□(3)　整式 $P(x)$ を $(x+1)^2$ で割ると余りが $18x+9$，$x-2$ で割ると余りが 9 となる。$P(x)$ を $(x+1)^2(x-2)$ で割ったときの余りを求めなさい。

第 8 章　式と証明・複素数と方程式

23 複素数

1 複素数の式の変形

複素数の計算では，$i^2=-1$ を用いて，与えられた複素数を $a+bi$ (a, b は実数) の形に変形していきます。分数で与えられたときは，分母の共役な複素数を利用して分母を実数化します。

例 $(1+i)^3$ を計算しなさい。

解答
$$(1+i)^3=1^3+3\cdot1^2\cdot i+3\cdot1\cdot i^2+i^3$$
$$=1+3i+3\cdot(-1)+(-i)$$
$$=\underline{-2+2i}\;\text{答}$$

POINT 複素数の計算

(1) $i^2=-1$ を用いて，複素数を $a+bi$ (a, b は実数)の形にする。

(2) $\dfrac{1}{c+di}=\dfrac{1\cdot(c-di)}{(c+di)(c-di)}$ を用いて，分母を実数化する。

Check! $\dfrac{5i}{3+4i}$ の実部と虚部を答えなさい。 なぞろう！

解答
$$\frac{5i}{3+4i}=\frac{5i(3-4i)}{(3+4i)(3-4i)}=\frac{15i-20i^2}{9-16i^2}$$

▶ $a+bi$ (a, b は実数)で a を実部，b を虚部という。

$$=\frac{15i-20\cdot(-1)}{9-16\cdot(-1)}=\frac{20+15i}{25}=\frac{4}{5}+\frac{3}{5}i$$

よって，実部は $\dfrac{4}{5}$, 虚部は $\dfrac{3}{5}$ 答

2 複素数の相等

複素数に関する等式では，両辺を実部と虚部に分けて扱います。$i^2=-1$ を用いるなどして，両辺をそれぞれ整理し，対応する部分がそれぞれ等しいことから実数に関する方程式をつくります。

例 a を実数とする。$\dfrac{2+3i}{a+i}$ が純虚数であるとき，a の値を求めなさい。

解答
$$\frac{2+3i}{a+i}=\frac{(2+3i)(a-i)}{(a+i)(a-i)}=\frac{2a-2i+3ai-3\cdot(-1)}{a^2-(-1)}$$
$$=\frac{2a+3}{a^2+1}+\frac{3a-2}{a^2+1}i$$

これが純虚数になるとき，$\dfrac{2a+3}{a^2+1}=0$ かつ $\dfrac{3a-2}{a^2+1}\neq0$ より $\underline{a=-\dfrac{3}{2}}$ 答

POINT 複素数の相等

a, b, c, d が実数のとき，
$a+bi=c+di$ ならば $a=c$ かつ $b=d$
とくに，$a+bi=0$ ならば $a=0$ かつ $b=0$

【別解】 b を $b\neq0$ の実数として $\dfrac{2+3i}{a+i}=bi$ とおくと

$2+3i=bi(a+i)$ より $2+3i=-b+abi$

$2=-b$ かつ $3=ab$ より $\underline{a=-\dfrac{3}{2}}$ 答

▶ $a+bi$ (a, b は実数)で $a=0$ ($b\neq0$) のとき，純虚数という。

Check! p と q を実数とする。$x=1-i$ が2次方程式 $x^2+px+q=0$ の解であるような p, q の値を求めなさい。

解答
$$(1-i)^2+p(1-i)+q=0$$
$$1-2i-1+p-pi+q=0$$
$$p+q+(-p-2)i=0$$

$p+q$, $-p-2$ は実数であるので $p+q=0$ かつ $-p-2=0$

これらを解くと，$p=\boxed{\text{ア}}$，$q=\boxed{\text{イ}}$ 答

アー2　イ2

練 習 問 題 解答編 ▶ p.33

1 次の問に答えなさい。

□(1) p と q を実数とする。$i^3+i^2+i+\dfrac{1}{i}+\dfrac{1}{i^2}=p+qi$ であるとき，p，q の値を求めなさい。

□(2) $\left(\dfrac{1}{1+i}\right)^2$ を計算しなさい。

□(3) $\dfrac{3-i}{(2+i)^2}$ の実部と虚部を答えなさい。

2 次の問に答えなさい。

□(1) p と q を実数とする。$x=-1+2i$ が 2 次方程式 $x^2+px+q=0$ の解であるような p，q の値を求めなさい。

JumpUp!

□(2) a，b，c，d，x，y は 0 でない実数とする。$\left(x+\dfrac{1}{yi}\right)\cdot\dfrac{1}{\dfrac{1}{a}+bi}=-\dfrac{d}{c}i$ の関係があるとき，

x，y を a，b，c，d を用いて表しなさい。

第8章　式と証明・複素数と方程式

24　方程式の解

① 2次方程式の解と係数の関係

2次方程式の2解の和と積の値は係数からすぐに求めることができます。一方，2つの値が与えられたとき，これらを解とする2次方程式の係数を，2数の和と積から定めることができます。

例　2次方程式 $3x^2+5x+8=0$ の2つの解を $\alpha,\ \beta$ とするとき，$\alpha^3+\beta^3$ と $\alpha^3\beta^3$ の値を求めなさい。

解答　解と係数の関係から　$\alpha+\beta=-\dfrac{5}{3}$，$\alpha\beta=\dfrac{8}{3}$

$$\alpha^3+\beta^3=(\alpha+\beta)^3-3\alpha\beta(\alpha+\beta)\quad\leftarrow \boxed{20}\ ①$$

$$=\left(-\frac{5}{3}\right)^3-3\cdot\frac{8}{3}\cdot\left(-\frac{5}{3}\right)$$

$$=-\frac{125}{27}+\frac{360}{27}=\underline{\frac{235}{27}}\ \text{答}$$

$$\alpha^3\beta^3=(\alpha\beta)^3=\left(\frac{8}{3}\right)^3=\underline{\frac{512}{27}}\ \text{答}$$

> **POINT**　2次方程式の解と係数の関係
>
> 2次方程式 $ax^2+bx+c=0$ の2つの解を $\alpha,\ \beta$ とする。
> (1)　ax^2+bx+c
> $\quad=a(x-\alpha)(x-\beta)$
> $\quad=a\{x^2-(\alpha+\beta)x+\alpha\beta\}$
> (2)　$\alpha+\beta=-\dfrac{b}{a}$
> $\quad\ \ \alpha\beta=\dfrac{c}{a}$

Check!　**例** の $\alpha,\ \beta$ について，α^3 と β^3 を解とする2次方程式で x^2 の係数が1となるものを求めなさい。

解答　α^3 と β^3 を解とする2次方程式で x^2 の係数が1となるものは　$(x-\alpha^3)(x-\beta^3)=0$　より　←慣れてきたら省略

$$x^2-(\alpha^3+\beta^3)x+\alpha^3\beta^3=0$$

よって　$x^2-\boxed{\text{ア}}\ x+\boxed{\text{イ}}=0$　答

> ア $\dfrac{235}{27}$　　イ $\dfrac{512}{27}$

② 因数定理を利用する高次方程式の解法

整式 $P(x)$ で $P(k)=0$ であるとき，$P(x)$ は $x-k$ を因数にもちます。高次方程式を解くとき，このような k を見つけ，$x-k$ での割り算を利用して因数分解する方法があります。

例　3次方程式 $x^3-5x^2+2x+8=0$ を解きなさい。

解答　$P(x)=x^3-5x^2+2x+8$ とすると　$P(-1)=0$　←自分で見つける

よって，$P(x)$ は $x+1$ で割り切れる。

$$P(x)=(x+1)(x^2-6x+8)\quad\leftarrow\text{割り算で }x^2-6x+8\text{ を求める}$$

$$=(x+1)(x-2)(x-4)\quad\leftarrow P(2)=0,\ P(4)=0\text{ を利用してもよい}$$

$P(x)=0$ から　$\underline{x=-1,\ 2,\ 4}$ 答

> **POINT**　因数定理
>
> (1)　1次式 $x-k$ が整式 $P(x)$ の因数である $\Longleftrightarrow P(k)=0$
> (2)　高次方程式 $P(x)=0$ について $P(k)=0$ となる k を見つけ，因数定理により
> $\qquad(x-k)(\cdots\cdots)=0$
> として解く方法がある。

Check!　3次方程式 $x^3-5x+2=0$ を解きなさい。

解答　$P(x)=x^3-5x+2$ とすると　$P(2)=0$　←自分で見つける

よって，$P(x)$ は $x-2$ で割り切れる。

$$P(x)=(x-2)(x^2+2x-1)\quad\leftarrow\text{割り算で }x^2+2x-1\text{ を求める}$$

$P(x)=0$ から　$x=\boxed{\text{ア}}$　答

> ア $2,\ -1\pm\sqrt{2}$

練[習][問][題] 解答編 ▶ p.34

1 次の問に答えなさい。

□(1) 2次方程式 $3x^2-2x-2=0$ の2つの解を α, β とするとき, $(\alpha+2\beta)(\beta+2\alpha)$ の値を求めなさい。

□(2) p, q を実数の定数とし, 2次方程式 $x^2-px+q=0$ の2つの解を α, β とする。α^2 と β^2 を解とする2次方程式のうち, x^2 の係数が1となるものを求めなさい。ただし, 係数は p, q を用いて表しなさい。

□(3) p, q を0でない実数の定数とし, 2次方程式 $2x^2+px+2q=0$ の2つの解を α, β とする。さらに, 2次方程式 $x^2+qx+p=0$ の2つの解が $\alpha+\beta$ と $\alpha\beta$ であるとき, p, q の値を求めなさい。

2 次の問に答えなさい。

□(1) 3次方程式 $x^3-2x^2-7x-4=0$ を解きなさい。

🏃Jump Up!

□(2) a, b を実数の定数とする。3次方程式 $x^3+ax^2+25x+b=0$ の1つの解が $3+2i$ のとき, この3次方程式の実数解を求めなさい。

25 点と直線

1 直線の方程式

傾き m と通過点 (p, q) が与えられた直線の方程式を，$y-q=m(x-p)$ と書き表せるようにしておきましょう。また，直線上の2点や，垂直な直線が与えられたときの傾きの求め方も必須です。

例 2点 $(1, 4)$，$(3, 8)$ を通る直線の方程式を求めなさい。

解答 直線の傾きは $\dfrac{8-4}{3-1}=2$ であり，点 $(1, 4)$ を通ることから

$$y-4=2(x-1) \text{ より } \underline{y=2x+2} \text{ 答}$$

例 点 $(1, 4)$ を通り，直線 $y=3x$ に垂直な直線の方程式を求めなさい。

解答 直線 $y=3x$ に垂直な直線の傾きを m とすると

$$3 \cdot m = -1 \text{ より } m = -\frac{1}{3}$$

$$y-4=-\frac{1}{3}(x-1) \text{ より } \underline{y=-\frac{1}{3}x+\frac{13}{3}} \text{ 答}$$

> **POINT** 直線の方程式
>
> (1) 点 (p, q) を通り，傾きが m の直線の方程式は
> $$y-q=m(x-p)$$
> (2) 異なる2点 (x_1, y_1)，(x_2, y_2)（ただし $x_1 \neq x_2$）を通る直線の傾きは $\dfrac{y_2-y_1}{x_2-x_1}$
> (3) 2直線 $y=m_1 x+n_1$，$y=m_2 x+n_2$ が垂直のとき
> $$m_1 m_2 = -1$$

2 直線に関して対称な点

2点 A，B が直線 l に関して対称であるとき，直線 AB が直線 l と垂直で，線分 AB の中点が l 上にあります。垂直の条件や中点の座標の求め方に注意して，全体の流れを把握しましょう。

例 直線 $l：y=2x$ に関して，点 A$(5, 1)$ と対称な点Bの座標を求めなさい。

解答 点Bの座標を (p, q) とする。直線 AB は l に垂直であるから

$$2 \cdot \frac{q-1}{p-5}=-1 \quad \text{ゆえに} \quad p+2q=7 \quad \cdots\cdots ①$$

線分 AB の中点 $\left(\dfrac{p+5}{2}, \dfrac{q+1}{2}\right)$ は直線 l 上にあるので

$$\frac{q+1}{2}=2 \cdot \frac{p+5}{2} \quad \text{ゆえに} \quad 2p-q=-9 \quad \cdots\cdots ②$$

①，②を連立させて解くと，$p=-\dfrac{11}{5}$，$q=\dfrac{23}{5}$

したがって，$\underline{\text{B}\left(-\dfrac{11}{5}, \dfrac{23}{5}\right)}$ 答

> **POINT** 直線に関して対称な点
>
> 2点 A，B が直線 l に関して対称であるとき，次のことがいえる。
> (1) 直線 AB は l に垂直である。
> (2) 線分 AB の中点は l 上にある。

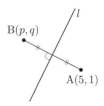

Check! 直線 $l：2x-3y+6=0$ に関して，点 A$(5, 1)$ と対称な点Bの座標を求めなさい。

解答 点Bの座標を (p, q) とする。直線 AB は l に垂直であるから

$$\frac{2}{3} \cdot \frac{q-1}{p-5}=-1 \quad \text{ゆえに} \quad 3p+2q=\boxed{\text{ア}} \quad \cdots\cdots ① \quad \leftarrow \text{直線 } l \text{ の傾きは } \frac{2}{3}$$

線分 AB の中点 $\left(\dfrac{p+5}{2}, \dfrac{q+1}{2}\right)$ は直線 l 上にあるので

$2 \cdot \dfrac{p+5}{2} - 3 \cdot \dfrac{q+1}{2} + 6 = 0$　ゆえに　$2p - 3q =$ イ　　……②

①，②を連立させて解くと，$p=1$，$q=7$

したがって，点Bの座標は B(ウ)答

ア　17　　イ　-19　　ウ　1, 7

練習問題 解答編 ▶ p.36

1 次の問に答えなさい。

□(1) 点 P(3, 4) を通り，直線 $2x+5y-11=0$ に垂直な直線の方程式を求めなさい。

□(2) 2点 A(2, 4)，B(6, 0) について，線分 AB の垂直二等分線の方程式を求めなさい。

2 次の問に答えなさい。

□(1) 直線 $l : 2x-y-4=0$ に関して，点 A(1, 3) と対称な点Bの座標を求めなさい。

Jump Up!

□(2) 座標平面上に2点 A(-2, 4)，B(4, 2) および直線 $l : x+y=1$ が与えられている。点P が直線 l 上を動くとき，AP+PB が最小となるような点Pの座標を求めなさい。

第9章 図形と方程式

26 円と直線

① 円の方程式

中心が点 $C(a, b)$, 半径が r の円は, $CP=r$ を満たす点 P の集まりで, $P(x, y)$ とすると $CP^2=r^2$ から $(x-a)^2+(y-b)^2=r^2$ となります。円を中心（点）と半径（長さ）でとらえます。

例 円 $x^2+y^2-6x+2y-6=0$ の中心の座標と半径を求めなさい。

解答 $x^2-6x+y^2+2y=6$

$\qquad x^2-6x+9+y^2+2y+1=6+9+1$

$\qquad (x-3)^2+(y+1)^2=16$

円の中心は $(3, -1)$, 半径は 4 **答**

例 3点 $O(0, 0)$, $A(2, 4)$, $B(-3, 9)$ を通る円の中心の座標と半径を求めなさい。

解答 円の方程式を $x^2+y^2+lx+my+n=0$ とする。

$O(0, 0)$ を通るので, $n=0$ ……①

$A(2, 4)$ を通るので, $4+16+2l+4m+n=0$ ……②

$B(-3, 9)$ を通るので, $9+81-3l+9m+n=0$ ……③

①, ②, ③を解いて, $l=6$, $m=-8$, $n=0$

円の方程式は $x^2+y^2+6x-8y=0$

$\qquad x^2+6x+9+y^2-8y+16=0+9+16$

$(x+3)^2+(y-4)^2=25$ 円の中心は $(-3, 4)$, 半径は 5 **答**

POINT 円の方程式

(1) 中心 (a, b), 半径 r の円の方程式は
$$(x-a)^2+(y-b)^2=r^2$$

(2) 一般に, 円の方程式は
$$x^2+y^2+lx+my+n=0$$
と表される。

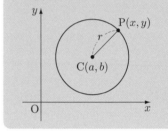

② 点と直線の距離の公式

点から直線に下ろした垂線の長さを点と直線の距離といい, これを簡単に求める公式があります。この公式は, 円と直線が接するときや, 円の弦の長さを求めるときに利用できます。

例 円 $x^2+y^2=r^2$ と直線 $3x-4y-10=0$ が接するときの r の値を求めなさい。ただし, $r>0$ とする。

解答 r は円の半径であり, 円の中心 $(0, 0)$ と直線 $3x-4y-10=0$ の距離に等しいので
$$r=\frac{|3\cdot0-4\cdot0-10|}{\sqrt{3^2+(-4)^2}}=\frac{|-10|}{\sqrt{25}}=\frac{10}{5}=2 \text{ 答}$$

例 円 $x^2+y^2=25$ と直線 $3x-4y-10=0$ の交点を A, B とするとき, 線分 AB の長さを求めなさい。

解答 円の中心を O, 線分 AB の中点を M とする。$OM \perp AB$ であり, OM の長さは点 $O(0, 0)$ と直線 $3x-4y-10=0$ の距離に等しいので

$$OM=\frac{|3\cdot0-4\cdot0-10|}{\sqrt{3^2+(-4)^2}}=\frac{|-10|}{\sqrt{25}}=\frac{10}{5}=2$$

POINT 点と直線の距離

(1) 点 (x_1, y_1) と直線 $ax+by+c=0$ の距離 d は
$$d=\frac{|ax_1+by_1+c|}{\sqrt{a^2+b^2}}$$

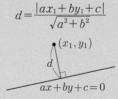

(2) 円と直線が接するとき, 円の中心と接線の距離は, 半径に等しい。

(3) 円の中心と弦の中点の距離は, 中心と弦を与える直線の距離に等しい。

直角三角形 OAM で，三平方の定理より

$$AM = \sqrt{OA^2 - OM^2} \quad \leftarrow OA は円の半径$$
$$= \sqrt{5^2 - 2^2} = \sqrt{21}$$

よって，AB＝2AM＝$2\sqrt{21}$ 答

練習問題 　解答編 ▶ p.38

1 次の問に答えなさい。

□(1)　3 点 O(0, 0)，A(4, 0)，B(0, 3) を通る円の中心の座標と半径を求めなさい。

□(2)　3 点 A(−3, 6)，B(5, 0)，C(4, 7) を通る円の中心の座標と半径を求めなさい。

2 次の問に答えなさい。

□(1)　点 A(1, 0) を中心とする円 C と，直線 $l：x+3y=3$ が接しているとき，円 C の半径を求めなさい。

□(2)　円 $(x-5)^2+(y+2)^2=29$ と直線 $y=2x-7$ の交点を A，B とするとき，線分 AB の長さを求めなさい。

Jump Up!

□(3)　円 $x^2+y^2=4$ の接線で，点 A(2, 4) を通るものの方程式を求めなさい。

27　軌　跡

① 距離に関する条件を満たす点Pの軌跡 ……………………………………

　与えられた条件を満たしながら動く点が描く図形を，その条件を満たす点の軌跡といいます。距離に関する条件のときは，点Pの満たす式を$P(x, y)$とおいて，x, yの満たす式に書き換えます。

例　2点 $A(-2, 0)$, $B(6, 0)$ からの距離の比が $1:3$ となる点Pの軌跡を求めなさい。

解答　点 $P(x, y)$ とすると $AP:BP=1:3$ より $3AP=BP$

$$9AP^2=BP^2$$
$$9\{(x+2)^2+y^2\}=(x-6)^2+y^2$$

整理すると　$x^2+y^2+6x=0$

$$(x+3)^2+y^2=9 \quad ……① \quad ← 軌跡の方程式$$

ゆえに，条件を満たす点Pは，円①上にある。逆に，円①上の任意の点 $P(x, y)$ は，条件を満たす。よって，求める軌跡は，<u>中心が点 $(-3, 0)$, 半径3の円</u> **答**

> **POINT** ▶ 軌跡を求める手順(1)
>
> 　点Pが長さに関する条件を満たすとき
> [Ⅰ] 点Pの座標を (x, y) とする。
> [Ⅱ] 点Pの満たす式をつくる。
> [Ⅲ] x, y の満たす式にする。

Check!　x軸に接し，点 $A(0, 4)$ を通る円の中心Pが描く軌跡の方程式を求めなさい。

解答　円の中心を $P(x, y)$ とし，Pからx軸に垂線PHをひく。

$AP^2=PH^2$ より $x^2+(y-4)^2=y^2$

整理すると　$y=\boxed{ア}$ ……①

逆に，①を満たす点 $P(x, y)$ は，$AP^2=PH^2$ を満たす。

よって，求める軌跡の方程式は　$y=\boxed{ア}$ **答**

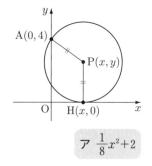

$$ア \ \frac{1}{8}x^2+2$$

② 注目する点の座標が文字を含む式で表されるときの軌跡 …………………

　頂点，中点などの点が注目されていて，その点の座標が a などの文字を用いて表されているときは，注目している点を (x, y) とおき，文字を消去して x, y の満たす式に書き換えます。

例　a の値が変化するとき，放物線 $y=x^2-4ax+6a$ の頂点の軌跡の方程式を求めなさい。

解答　$y=(x-2a)^2-4a^2+6a$ より，頂点の座標は $(2a, -4a^2+6a)$ であり，$x=2a$ ……①,
$y=-4a^2+6a$ ……② とする。

　①より，aがすべての実数値をとるとき，xもすべての実数値をとる。

　①より $a=\dfrac{x}{2}$ で，これを②に代入すると

$$y=-4\cdot\left(\dfrac{x}{2}\right)^2+6\cdot\dfrac{x}{2}$$

　求める軌跡の方程式は　<u>$y=-x^2+3x$</u> **答**

> **POINT** ▶ 軌跡を求める手順(2)
>
> 　注目する点の座標が a などの文字を含む式で表されるとき
> [Ⅰ] 注目する点の座標を文字で表す。
> [Ⅱ] $x=$(文字を含む式), $y=$(文字を含む式) とおき，文字を消去して x, y の満たす式にする。
> [Ⅲ] 文字のとる値の範囲から，x の値の範囲を調べる。

Check!　放物線 $y=x^2+3$ を C とし，点 A(1, 0) と C 上の点 P(p, p^2+3) を結ぶ線分 AP の中点を M とする。点 P が C 上を動くとき，点 M の軌跡の方程式を求めなさい。

解答　中点 M の座標は $\left(\dfrac{p+1}{2},\ \dfrac{p^2+3}{2}\right)$ であり，$x=\dfrac{p+1}{2}$ ……① ，$y=\dfrac{p^2+3}{2}$ ……② とする。

①より，p がすべての実数値をとるとき，x もすべての実数値をとる。

①より $p=2x-1$ で，これを②に代入すると　$y=\dfrac{(2x-1)^2+3}{2}$

求める軌跡の方程式は　$y=\boxed{}$　答

$\boxed{\text{ア } 2x^2-2x+2}$

練習問題　解答編 ▶ p.40

1 次の問に答えなさい。

☐(1)　2点 A(1, −2)，B(6, 8) からの距離の比が 3：2 となる点 P の軌跡を求めなさい。

☐(2)　点 A(0, 1) を通り，直線 $y=-1$ に接する円の中心 P が描く軌跡の方程式を求めなさい。

2 次の問に答えなさい。

☐(1)　放物線 $y=x^2-2x+3$ を C とし，原点 O，点 A(2, 1)，C 上の点 P(p, p^2-2p+3) を頂点とする△OAP の重心を G とする。点 P が C 上を動くとき，点 G の軌跡の方程式を求めなさい。

JumpUp!

☐(2)　放物線 $y=-x^2-x+8$ を C とし，C 上の点 A(a, $-a^2-a+8$) を点 (1, 2) に関して対称移動した点を B とする。点 A が C 上を動くとき，点 B の軌跡の方程式を求めなさい。

28　三角関数を含む方程式

　三角関数を含む方程式を解くときに，単位円を利用することができます。単位円は原点を中心とする半径1の円で，角θの動径と単位円の交点をPとするとき，Pの座標は$(\cos\theta,\ \sin\theta)$となります。方程式を満たす$\theta$を点Pの位置から読み取るようにします。

例　$0\leqq\theta<2\pi$ のとき，方程式 $\sin\theta=\dfrac{\sqrt{2}}{2}$ を解きなさい。

解答　θは単位円と直線 $y=\dfrac{\sqrt{2}}{2}$

の交点をPとしたとき動径OP　←慣れてきたら省略

の表す角なので　$\theta=\dfrac{\pi}{4},\ \dfrac{3}{4}\pi$ **答**

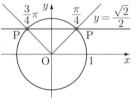

POINT　三角関数を含む方程式

(1)　角θの動径と単位円の交点の座標は $(\cos\theta,\ \sin\theta)$

(2)　三角関数を含む方程式は，$\cos\theta=a$ や $\sin\theta=b$ のように単位円で読み取れる式に変形して解く。

(3)　$\sin^2\theta+\cos^2\theta=1$ などを利用して式を変形する。

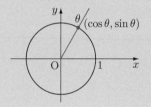

Check!　$0\leqq\theta<2\pi$ のとき，方程式 $2\cos^2\theta-\cos\theta=0$ を解きなさい。

解答　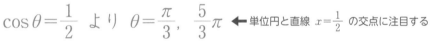 $\cos\theta(2\cos\theta-1)=0$ ✏なぞろう！

$\cos\theta=0$ または $\cos\theta=\dfrac{1}{2}$　←単位円で読み取れる式にする

$0\leqq\theta<2\pi$ のとき，$\cos\theta=0$ より

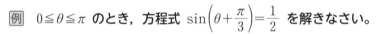 $\theta=\dfrac{\pi}{2},\ \dfrac{3}{2}\pi$　←単位円と直線 $x=0$ の交点に注目する

$\cos\theta=\dfrac{1}{2}$ より $\theta=\dfrac{\pi}{3},\ \dfrac{5}{3}\pi$　←単位円と直線 $x=\dfrac{1}{2}$ の交点に注目する

したがって，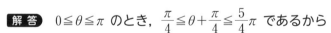 $\theta=\dfrac{\pi}{3},\ \dfrac{\pi}{2},\ \dfrac{3}{2}\pi,\ \dfrac{5}{3}\pi$ **答**

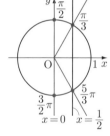

例　$0\leqq\theta\leqq\pi$ のとき，方程式 $\sin\left(\theta+\dfrac{\pi}{3}\right)=\dfrac{1}{2}$ を解きなさい。

解答　$0\leqq\theta\leqq\pi$ のとき，$\dfrac{\pi}{3}\leqq\theta+\dfrac{\pi}{3}\leqq\dfrac{4}{3}\pi$ であるから

$\sin\left(\theta+\dfrac{\pi}{3}\right)=\dfrac{1}{2}$ より $\theta+\dfrac{\pi}{3}=\dfrac{5}{6}\pi$　ゆえに $\theta=\dfrac{\pi}{2}$ **答**

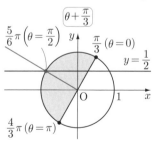

Check!　$0\leqq\theta\leqq\pi$ のとき，方程式 $\sin\left(\theta+\dfrac{\pi}{4}\right)=\dfrac{\sqrt{3}}{2}$ を解きなさい。

解答　$0\leqq\theta\leqq\pi$ のとき，$\dfrac{\pi}{4}\leqq\theta+\dfrac{\pi}{4}\leqq\dfrac{5}{4}\pi$ であるから

$\sin\left(\theta+\dfrac{\pi}{4}\right)=\dfrac{\sqrt{3}}{2}$ より $\theta+\dfrac{\pi}{4}=\dfrac{\pi}{3},\ \dfrac{2}{3}\pi$

ゆえに $\theta=\boxed{ア}\ ,\ \boxed{イ}$ **答**

ア $\dfrac{\pi}{12}$　イ $\dfrac{5}{12}\pi$
（ア，イは順不同）

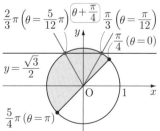

練 習 問 題 解答編 ▶ p.41

1 次の問に答えなさい。

□(1)　$0 \leqq \theta < 2\pi$ のとき，方程式 $2\sin\theta\cos\theta = \sqrt{2}\,\sin\theta$ を解きなさい。

□(2)　$0 < \theta < \pi$ のとき，方程式 $2\cos^2\theta + 5\sin\theta - 4 = 0$ を解きなさい。

□(3)　$0 \leqq \theta < 2\pi$ のとき，不等式 $2\sin\theta > -\sqrt{2}$ を解きなさい。

2 次の問に答えなさい。

□(1)　$0 \leqq \theta \leqq \pi$ のとき，方程式 $\sin\left(\theta + \dfrac{\pi}{6}\right) = \dfrac{\sqrt{3}}{2}$ を解きなさい。

Jump Up!
□(2)　$0 \leqq \theta \leqq \dfrac{\pi}{2}$ のとき，$2\sin\left(\theta + \dfrac{\pi}{3}\right) + 1$ の最大値と最小値を求めなさい。また，そのときの θ の値を求めなさい。

29　三角関数の加法定理

① 加法定理の利用

　加法定理では，公式の α，β に必要な角をあてはめて等式をつくることがあります。2倍角の公式は，$\alpha=\theta$，$\beta=\theta$ としてつくります。また，$\sin^2\theta+\cos^2\theta=1$ などの変形を利用します。

例　$\dfrac{\pi}{2}<\theta<\pi$ とする。$\sin\theta=\dfrac{2}{3}$ のとき，$\sin 2\theta$ の値を求めなさい。

解答　$\dfrac{\pi}{2}<\theta<\pi$ のとき $\cos\theta<0$ であり

$$\cos\theta=-\sqrt{1-\sin^2\theta}=-\sqrt{1-\left(\dfrac{2}{3}\right)^2}=-\dfrac{\sqrt{5}}{3}$$

$$\sin 2\theta=\sin(\theta+\theta)=\sin\theta\cos\theta+\cos\theta\sin\theta \quad \leftarrow\text{慣れてきたら省略}$$

$$=2\sin\theta\cos\theta=2\cdot\dfrac{2}{3}\cdot\left(-\dfrac{\sqrt{5}}{3}\right)$$

$$=-\dfrac{4\sqrt{5}}{9}\,\boxed{\text{答}}$$

Check!　$\cos 2\theta=-\dfrac{1}{3}$ のとき，$\sin^2\theta$ の値を求めなさい。

解答　$\cos 2\theta=\cos(\theta+\theta)=\cos\theta\cos\theta-\sin\theta\sin\theta \quad \leftarrow\text{慣れてきたら省略}$

$$=\cos^2\theta-\sin^2\theta=(\boxed{\text{ア}\quad})-\sin^2\theta$$

$$=1-2\sin^2\theta$$

よって　$\sin^2\theta=\dfrac{1-\cos 2\theta}{2}=\dfrac{1}{2}\left\{1-\left(-\dfrac{1}{3}\right)\right\}=\boxed{\text{イ}}\,\boxed{\text{答}}$

> **POINT**　加法定理
>
> (1)　$\sin(\alpha+\beta)$
> 　　　$=\sin\alpha\cos\beta+\cos\alpha\sin\beta$
> 　　$\sin(\alpha-\beta)$
> 　　　$=\sin\alpha\cos\beta-\cos\alpha\sin\beta$
> (2)　$\cos(\alpha+\beta)$
> 　　　$=\cos\alpha\cos\beta-\sin\alpha\sin\beta$
> 　　$\cos(\alpha-\beta)$
> 　　　$=\cos\alpha\cos\beta+\sin\alpha\sin\beta$
> (3)　$\tan(\alpha+\beta)=\dfrac{\tan\alpha+\tan\beta}{1-\tan\alpha\tan\beta}$
> 　　$\tan(\alpha-\beta)=\dfrac{\tan\alpha-\tan\beta}{1+\tan\alpha\tan\beta}$

> ▶　2倍角の公式
> 　$\sin 2\theta=2\sin\theta\cos\theta$
> 　$\cos 2\theta=\cos^2\theta-\sin^2\theta$

> ア　$1-\sin^2\theta$　　イ　$\dfrac{2}{3}$

② 三角関数の合成

　$\sin(\alpha+\beta)=\sin\alpha\cos\beta+\cos\alpha\sin\beta$ は，右辺から左辺への方向の変形でも用います。2つの三角関数を1つの三角関数にまとめるように変形し，方程式や値の変化を扱いやすいものにします。

例　$\sin\theta+\cos\theta$ を $r\sin(\theta+\alpha)$ の形に変形しなさい。ただし，$r>0$，$0\leqq\alpha<2\pi$ とする。

解答　$r=\sqrt{1^2+1^2}=\sqrt{2} \quad \leftarrow a=1,\ b=1$

$$\sin\theta+\cos\theta=\sqrt{2}\left(\dfrac{1}{\sqrt{2}}\sin\theta+\dfrac{1}{\sqrt{2}}\cos\theta\right)$$

$$=\sqrt{2}\left(\cos\dfrac{\pi}{4}\sin\theta+\sin\dfrac{\pi}{4}\cos\theta\right)$$

$$=\sqrt{2}\sin\left(\theta+\dfrac{\pi}{4}\right)\,\boxed{\text{答}}$$

Check!　$\sin\theta+\sqrt{3}\cos\theta$ を $r\sin(\theta+\alpha)$ の形に変形しなさい。ただし，$r>0$，$0\leqq\alpha<2\pi$ とする。

解答　$r=\sqrt{1^2+(\sqrt{3})^2}=\sqrt{4}=2 \quad \leftarrow a=1,\ b=\sqrt{3}$ 　なぞろう！

> **POINT**　三角関数の合成の手順
>
> $a\sin\theta+b\cos\theta=r\sin(\theta+\alpha)$
> の変形
> [Ⅰ]　$r=\sqrt{a^2+b^2}$ を求める。
> [Ⅱ]　$a\sin\theta+b\cos\theta$
> 　　$=r\left(\dfrac{a}{r}\sin\theta+\dfrac{b}{r}\cos\theta\right)$
> [Ⅲ]　$\dfrac{a}{r}=\cos\alpha$，$\dfrac{b}{r}=\sin\alpha$ となる α を用いて，$r\sin(\theta+\alpha)$ と表す。

$$\sin\theta+\sqrt{3}\cos\theta=2\left(\frac{1}{2}\sin\theta+\frac{\sqrt{3}}{2}\cos\theta\right)$$

▶ $\sin(\theta+\alpha)$
$=\cos\alpha\sin\theta+\sin\alpha\cos\theta$

$$=2\left(\cos\frac{\pi}{3}\sin\theta+\sin\frac{\pi}{3}\cos\theta\right)=\underline{2\sin\left(\theta+\frac{\pi}{3}\right)}_{\text{答}}$$

練習問題　解答編 ▶ p.42

1　次の問に答えなさい。

☐(1)　$\tan\alpha=-3\sqrt{3}$，$\tan\beta=\dfrac{\sqrt{3}}{2}$ のとき，$\tan(\alpha-\beta)$ の値を求めなさい。

☐(2)　$\dfrac{3}{2}\pi<x<2\pi$ とする。$\cos x=\dfrac{5}{8}$ のとき，$\cos\dfrac{x}{2}$ の値を求めなさい。

Jump Up!
☐(3)　$\sin\theta+\cos\theta=\dfrac{4}{3}$ $\left(0<\theta<\dfrac{\pi}{4}\right)$ であるとき，$\sin2\theta$，$\sin4\theta$ の値を求めなさい。

2　次の問に答えなさい。

☐(1)　$\sqrt{3}\sin\theta+\cos\theta$ を $r\sin(\theta+\alpha)$ の形に変形しなさい。ただし，$r>0$，$0\leqq\alpha<2\pi$ とする。

☐(2)　$-\dfrac{1}{2}\cos x+\dfrac{\sqrt{3}}{2}\sin x$ を $\cos(x-\alpha)$ の形に変形しなさい。ただし，$0\leqq\alpha<2\pi$ とする。

第10章

三角関数

30 三角関数の最大・最小

　三角関数の最大・最小の問題では，式の特徴により扱い方が異なってきますが， **POINT** の3つの基本パターンのどれが使えそうかと考えてみるとよいでしょう。例えば，$y=\sin\theta+\cos 2\theta$ では，2つの角が異なるため(1)は利用できませんが，2倍角の公式を用いて角を θ にそろえると，$y=\sin\theta+(1-2\sin^2\theta)$ となり，(2)を参考にして $\sin\theta=t$ とおくことができます。

例　$0\leq\theta\leq\pi$ のとき，$y=\sin\theta+\cos 2\theta$ の最小値とそのときの θ の値を求めなさい。

解答　$y=\sin\theta+\cos 2\theta=\sin\theta+(1-2\sin^2\theta)$

$\sin\theta=t$ とおくと　$y=-2t^2+t+1$

$$=-2\left(t-\frac{1}{4}\right)^2+\frac{9}{8}$$

$0\leq\theta\leq\pi$ のとき，$0\leq\sin\theta\leq1$ であり $0\leq t\leq1$

$t=1$ で最小値 0 **答** をとり，このときの θ の値は

$$\sin\theta=1 \text{ より } \theta=\frac{\pi}{2}\text{ **答**}$$

> **POINT** 最大・最小の基本3パターン
>
> (1)　$y=\sin\theta+\cos\theta$
> 三角関数の合成の利用により
> $$y=\sqrt{2}\sin\left(\theta+\frac{\pi}{4}\right)$$
> として，θ を1か所にする。
>
> (2)　$y=\sin^2\theta+\cos\theta$
> $\cos\theta=t$ とおくと，
> $\sin^2\theta=1-t^2$ から，2次関数
> $y=1-t^2+t$ となる。t のとり
> 得る値の範囲に注意する。
>
> (3)　$y=\sin^3\theta+\cos^3\theta$
> $\sin\theta+\cos\theta=t$ とおくと，
> $\sin\theta\cos\theta=\dfrac{t^2-1}{2}$ となり，y
> を t を用いて表せる。t のとり
> 得る値の範囲は(1)による。

例　$\sin\theta+\cos\theta=t$ とおくとき，$\sin^3\theta+\cos^3\theta$ を t を用いて表しなさい。

解答　$\sin\theta+\cos\theta=t$ の両辺を2乗すると

$$\sin^2\theta+\cos^2\theta+2\sin\theta\cos\theta=t^2$$

$1+2\sin\theta\cos\theta=t^2$ より $\sin\theta\cos\theta=\dfrac{t^2-1}{2}$

$\sin^3\theta+\cos^3\theta=(\sin\theta+\cos\theta)^3-3\sin\theta\cos\theta(\sin\theta+\cos\theta)$ ← **20 ①** より

$$=t^3-3\cdot\frac{t^2-1}{2}\cdot t=-\frac{1}{2}t^3+\frac{3}{2}t\text{ **答**}$$

$a^3+b^3=(a+b)^3-3ab(a+b)$

Check!　$0\leq\theta<2\pi$ のとき，$y=4\sin\theta\cos\theta+3\sin\theta+3\cos\theta$ の最大値とそのときの θ の値を求めなさい。

解答　$\sin\theta+\cos\theta=t$ とおくと　$t=\sqrt{2}\sin\left(\theta+\dfrac{\pi}{4}\right)$ ← **29 ②**

$0\leq\theta<2\pi$ のとき $\dfrac{\pi}{4}\leq\theta+\dfrac{\pi}{4}<\dfrac{9}{4}\pi$ であり，$-1\leq\sin\left(\theta+\dfrac{\pi}{4}\right)\leq1$ から $-\sqrt{2}\leq t\leq\sqrt{2}$

$\sin\theta+\cos\theta=t$ の両辺を2乗すると $\sin^2\theta+\cos^2\theta+2\sin\theta\cos\theta=t^2$ ← $\sin^2\theta+\cos^2\theta=1$

$1+2\sin\theta\cos\theta=t^2$ より $2\sin\theta\cos\theta=t^2-1$

$y=4\sin\theta\cos\theta+3(\sin\theta+\cos\theta)$

$$=2(t^2-1)+3t=2t^2+3t-2=2\left(t+\frac{3}{4}\right)^2-\frac{25}{8}$$

$-\sqrt{2}\leq t\leq\sqrt{2}$ のとき $t=\sqrt{2}$ で最大値 ［ア　　　　　　　　　　］ **答** をとる。

このときの θ の値は $\sqrt{2}\sin\left(\theta+\dfrac{\pi}{4}\right)=\sqrt{2}$　$\sin\left(\theta+\dfrac{\pi}{4}\right)=1$

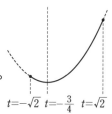

$t=-\sqrt{2}$　$t=-\dfrac{3}{4}$　$t=\sqrt{2}$

$\theta + \dfrac{\pi}{4} = \dfrac{\pi}{2}$ より $\theta =$ イ 答

ア　$3\sqrt{2}+2$　　イ　$\dfrac{\pi}{4}$

練 習 問 題　解答編 ▶ p.44

1　次の問に答えなさい。

□(1)　$0 \leqq x \leqq \pi$ のとき，$y = \cos 2x + 2\cos x$ の最小値とそのときの x の値を求めなさい。

□(2)　$0 \leqq x < 2\pi$ のとき，$y = 4\sqrt{3}\cos x + 4\sin x + 5$ の最大値とそのときの x の値を求めなさい。

□(3)　$0 \leqq \theta < 2\pi$ のとき，$y = 2\sin\theta + 2\cos\theta + 2\sin\theta\cos\theta$ の最大値とそのときの θ の値を求めなさい。

Jump Up!
□(4)　$0 \leqq \theta \leqq \pi$ のとき，$y = \sin^4\theta + \cos^4\theta$ の最小値とそのときの θ の値を求めなさい。

31 指数と対数

① 指数の拡張

累乗根の2通りの表し方と指数法則を用いた計算に慣れるようにします。どの公式を用いて変形しているかを確認しながら計算を進めるようにするとよいでしょう。

例 $\sqrt{3}$, $\sqrt[3]{5}$, $\sqrt[4]{7}$, $\sqrt[6]{19}$ のうち最小のものを求めなさい。

解答 それぞれを12乗すると

$$(\sqrt{3})^{12}=(3^{\frac{1}{2}})^{12}=3^6=729, \quad (\sqrt[3]{5})^{12}=(5^{\frac{1}{3}})^{12}=5^4=625$$

$$(\sqrt[4]{7})^{12}=(7^{\frac{1}{4}})^{12}=7^3=343 \quad \leftarrow \sqrt[4]{7} \text{ は4乗すると7になる}$$

$$(\sqrt[6]{19})^{12}=(19^{\frac{1}{6}})^{12}=19^2=361 \quad \leftarrow \sqrt[6]{19} \text{ は6乗すると19になる}$$

したがって，最小のものは $\sqrt[4]{7}$ **答**

POINT 指数の拡張

$a>0$ とする。

(1) m, n は正の整数とする。
$x^n=a$ を満たす正の数 x を，
$x=\sqrt[n]{a}$, $x=a^{\frac{1}{n}}$ で表す。また，
$\sqrt[n]{a^m}=a^{\frac{m}{n}}$

(2) r, s は実数とする。
$a^r a^s=a^{r+s}$, $\dfrac{a^r}{a^s}=a^{r-s}$
$(a^r)^s=a^{rs}$

例 $\sqrt[3]{5^2} \times \sqrt[4]{5^3} \div \sqrt[12]{5^5}$ を計算しなさい。

解答 $\sqrt[3]{5^2} \times \sqrt[4]{5^3} \div \sqrt[12]{5^5}=5^{\frac{2}{3}} \times 5^{\frac{3}{4}} \div 5^{\frac{5}{12}}=5^{\frac{2}{3}+\frac{3}{4}-\frac{5}{12}}=5^1=\underline{5}$ **答**

Check! $\sqrt{3} \div \sqrt[6]{3^7} \times \sqrt[3]{3^2}$ を計算しなさい。 なぞろう！

解答 $\sqrt{3} \div \sqrt[6]{3^7} \times \sqrt[3]{3^2}=3^{\frac{1}{2}} \div 3^{\frac{7}{6}} \times 3^{\frac{2}{3}}=3^{\frac{1}{2}-\frac{7}{6}+\frac{2}{3}}=3^0=\underline{1}$ **答** ▶ $a>0$ のとき $a^0=1$

② 対数の性質

対数の基本的な計算問題では，$n\log_a M=\log_a M^n$, $\log_a M+\log_a N=\log_a MN$ などを組み合わせて用いて，1つの対数にまとめていく方向で変形します。これらの公式は対数の底 (a) が同じときにしか使えないので，底が異なる対数を扱うときは底の変換公式を用います。

例 $3\log_6 2+2\log_6 3-\log_6 12$ を計算しなさい。

解答 $3\log_6 2+2\log_6 3-\log_6 12=\log_6 2^3+\log_6 3^2-\log_6 12$

$$=\log_6 \frac{2^3 \times 3^2}{12}=\log_6 6=\underline{1}$$ **答**

POINT 対数の性質

$a>0$, $a\neq 1$, $M>0$, $N>0$, p, n は実数とする。

(1) $a^p=M \iff p=\log_a M$

(2) $n\log_a M=\log_a M^n$
$\log_a M+\log_a N=\log_a MN$
$\log_a M-\log_a N=\log_a \dfrac{M}{N}$

(3) $a>0$, $a\neq 1$, $b>0$, $c>0$,
$c\neq 1$ とする。
$$\log_a b=\frac{\log_c b}{\log_c a}$$
（底の変換公式）

Check! $\log_3 6-2\log_3 2+\log_3 18$ を計算しなさい。

解答 $\log_3 6-2\log_3 2+\log_3 18=\log_3 6-\log_3 2^2+\log_3 18$

$$=\log_3 \frac{6 \times 18}{2^2}=\log_3 27$$

$$=\boxed{\text{ア}}$$ **答** ア 3

例 $\log_4 3 \cdot \log_9 32$ を簡単にしなさい。

解答 底が2の対数を用いて表すと

$$\log_4 3 \cdot \log_9 32=\frac{\log_2 3}{\log_2 4} \cdot \frac{\log_2 32}{\log_2 9}$$

$$=\frac{\log_2 3}{\log_2 2^2} \cdot \frac{\log_2 2^5}{\log_2 3^2}=\frac{\log_2 3}{2} \cdot \frac{5}{2\log_2 3}=\underline{\frac{5}{4}}$$ **答**

▶ 底が10の対数を用いて表すと

$$\log_4 3 \cdot \log_9 32=\frac{\log_{10} 3}{\log_{10} 4} \cdot \frac{\log_{10} 32}{\log_{10} 9}$$

$$=\frac{\log_{10} 3}{2\log_{10} 2} \cdot \frac{5\log_{10} 2}{2\log_{10} 3}=\frac{5}{4}$$

練習問題　解答編 ▶ p.46

1 次の問に答えなさい。

□(1)　$\sqrt{2}$, $\sqrt[3]{4}$, $\sqrt[6]{8}$, $\sqrt[9]{32}$ のうち，最大のものを求めなさい。

□(2)　$(\sqrt[3]{9}-\sqrt[3]{6}+\sqrt[3]{4})(\sqrt[3]{3}+\sqrt[3]{2})$ を計算しなさい。

2 次の問に答えなさい。

□(1)　$x=\log_2 3$ のとき，4^x+4^{-x} の値を求めなさい。

□(2)　$\log_2 120-\log_2 24-\log_2 5$ を計算しなさい。

□(3)　$\log_{16} 125 \cdot \log_{25} 256$ を計算しなさい。

Jump Up!

□(4)　$4\log_8 \sqrt{2} -\dfrac{1}{2}\log_8 6+\log_8 \dfrac{\sqrt{6}}{2}$ を計算しなさい。

32　指数関数の最大・最小

　指数関数の計算では，計算全体の流れをあらかじめ把握しておくとともに，指数法則のどれを用いているのか意識して，１つ１つの式変形をしていくことになります。対称式の計算や相加平均と相乗平均の関係などとの融合もあるので，典型的なパターンを整理しておくとよいでしょう。

例　実数 x に対して，$t=2^x+2^{-x}$ とおくとき，t の最小値とそのときの x の値を求めなさい。

解答　$2^x>0$，$2^{-x}>0$ であるから

相加平均と相乗平均の関係により　←**21**②

$$2^x+2^{-x}\geqq2\sqrt{2^x\cdot2^{-x}}　←A+B\geqq2\sqrt{AB}\ \text{で}\ A=2^x,\ B=2^{-x}$$

よって，$t\geqq2$　←$2^x\cdot2^{-x}=2^{x-x}=2^0=1$

等号が成り立つのは，$2^x=2^{-x}$ のときであり $x=-x$

すなわち $x=0$ のときである。　$\overset{\uparrow}{}$$2^P=2^Q$ から $P=Q$

したがって，t の最小値 2 **答**，このとき $x=0$ **答**

例　$2^x+2^{-x}=t$ とするとき，4^x+4^{-x} を t を用いて表しなさい。

解答　$(2^x+2^{-x})^2=t^2$ より

$$(2^x)^2+2\cdot2^x\cdot2^{-x}+(2^{-x})^2=t^2$$
$$2^{2x}+2\cdot2^{x-x}+2^{-2x}=t^2$$
$$(2^2)^x+2\cdot2^0+(2^2)^{-x}=t^2$$
$$4^x+2+4^{-x}=t^2$$

よって，$4^x+4^{-x}=t^2-2$ **答**

例　関数 $y=2^{2x}-2^{x+3}+10$ の最小値とそのときの x の値を求めなさい。

解答　$2^x=t$ とおくと $t>0$

$2^{2x}=(2^x)^2=t^2$，$2^{x+3}=2^x\cdot2^3=8t$ であるので

$$y=2^{2x}-2^{x+3}+10$$
$$=t^2-8t+10=(t-4)^2-6$$

$t=4$ のとき最小値 -6 **答**をとり，このときの x の値は

$2^x=4$ から $x=2$ **答**

> **POINT**　最大・最小の基本３パターン
>
> (1) $y=2^x+2^{-x}$
>
> 　相加平均と相乗平均の関係の利用
>
> 　$A>0$，$B>0$ のとき
> $$\frac{A+B}{2}\geqq\sqrt{AB}$$
> 　等号が成り立つのは $A=B$ のとき。
>
> (2) $y=4^x+2^x$
>
> 　$2^x=t$ とおくと $y=t^2+t$
>
> 　t のとる値の範囲に注意する。
>
> (3) $y=4^x+4^{-x}+2^x+2^{-x}$
>
> 　［Ⅰ］　$2^x+2^{-x}=t$ とおく。
>
> 　［Ⅱ］　t のとる値の範囲は(1)の関係から求める。
>
> 　［Ⅲ］　［Ⅰ］の両辺を 2 乗して $4^x+4^{-x}=t^2-2$ を導く。

▶ $a>0$ で，x が実数のとき
$$a^0=1$$
$$a^{-x}=\frac{1}{a^x}$$

▶ $a>0$ で，x，y が実数のとき
$$a^{x+y}=a^xa^y$$
$$a^{x-y}=\frac{a^x}{a^y}$$
$$(a^x)^y=a^{xy}$$

Check!　$0\leqq x\leqq3$ のとき，関数 $y=9^x-12\cdot3^{x-1}$ の最小値とそのときの x の値を求めなさい。

解答　$0\leqq x\leqq3$ のとき，$3^x=t$ とおくと $1\leqq t\leqq27$　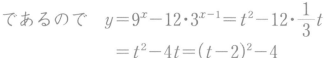なぞろう！

$$9^x=(3^2)^x=3^{2x}=(3^x)^2=t^2,\quad 3^{x-1}=3^x\cdot3^{-1}=\frac{1}{3}t$$

であるので　$y=9^x-12\cdot3^{x-1}=t^2-12\cdot\frac{1}{3}t$

$$=t^2-4t=(t-2)^2-4$$

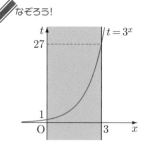

$t=2$ のとき最小値 -4 答 をとり，このときの x の値は $3^x=2$ から
$x=\log_3 2$ 答

練習問題　解答編 ▶ p.47

1　次の問に答えなさい。

□(1)　実数 x に対して，$t=9\cdot3^x+3^{-x}$ とおくとき，t の最小値とそのときの x の値を求めなさい。

□(2)　$1\leqq x\leqq4$ のとき，関数 $y=4^x-8\cdot2^x-16$ の最小値を求めなさい。また，そのときの x の値を求めなさい。

□(3)　$0\leqq x\leqq3$ のとき，関数 $y=\left(\dfrac{1}{3}\right)^{2x}-2\cdot\left(\dfrac{1}{3}\right)^{x+2}$ の最大値を求めなさい。また，そのときの x の値を求めなさい。

Jump Up!
□(4)　関数 $y=9^x+9^{-x}-6\cdot(3^x+3^{-x})+13$ の最小値を求めなさい。

33 対数関数を含む方程式

1 対数の方程式

対数関数を含む方程式では，置き換えを利用するパターンと，対数の真数部分を取り出すパターンが基本となります。対数の性質を用いた変形と真数が正である条件に注意が必要です。

例 $(\log_2 x)^2 + \log_2 x^3 - 10 = 0$ を解きなさい。

解答 $\log_2 x = t$ とおくと，$\log_2 x^3 = 3\log_2 x = 3t$

$(\log_2 x)^2 + \log_2 x^3 - 10 = 0$ を t を用いて表すと

$t^2 + 3t - 10 = 0$

$(t-2)(t+5) = 0$ から $t = 2,\ -5$

$t=2$ のとき $\log_2 x = 2$ ゆえに $x = 2^2 = 4$

$t=-5$ のとき $\log_2 x = -5$ ゆえに $x = 2^{-5} = \dfrac{1}{32}$

したがって，$x = \dfrac{1}{32},\ 4$ **答**

例 $2\log_{10}(x+1) = \log_{10}(x+7)$ を解きなさい。

解答 真数は正であるから，$x+1>0$ かつ $x+7>0$ より

$x>-1$ ……①

$\log_{10}(x+1)^2 = \log_{10}(x+7)$

よって $(x+1)^2 = x+7$ $x^2 + x - 6 = 0$

$(x-2)(x+3) = 0$ ①により，解は $x=2$ **答**

Check! $\log_{10}(x+1) + \log_{10}(x-2) = 1$ を解きなさい。

解答 真数は正であるから，$x+1>0$ かつ $x-2>0$ より $x>2$ ……①

$\log_{10}(x+1)(x-2) = \log_{10}10$

よって $(x+1)(x-2) = 10$ $x^2 - x - 12 = 0$

$(x-4)(x+3) = 0$ ①により，解は $x = \boxed{\text{ア}}$ **答**

ア 4

POINT 対数関数を含む方程式の基本2パターン

(1) $\log_a x = t$ とおいて t の方程式を解く。

$\log_a x^m = m\log_a x = mt$

$\log_a(a^k x) = \log_a x + \log_a a^k = t + k$

などの変形を利用する。

(2) $\log_a P = \log_a Q$ のとき $P=Q$ であることを利用して解く。はじめに，真数が正であることから x の範囲を求めておき，両辺をそれぞれ1つの対数に変形する。

2 桁数の問題

正の整数 $a,\ n$ について，a^n の桁数がNであるとき $10^{N-1} \leqq a^n < 10^N$ となります。
$N-1 \leqq \log_{10} a^n < N$ となるので，$\log_{10} a$ の値がわかれば，桁数Nを求めることができます。

例 3^{30} は何桁の整数であるか答えなさい。ただし，$\log_{10}3 = 0.4771$ とする。

解答 $\log_{10}3^{30} = 30\log_{10}3 = 30 \times 0.4771 = 14.313$

ゆえに $14 < \log_{10}3^{30} < 15$ ← $14 = \log_{10}10^{14},\ 15 = \log_{10}10^{15}$

よって $10^{14} < 3^{30} < 10^{15}$

したがって 3^{30} は 15 桁 **答** の整数である。

POINT a^n の桁数

(1) a^n の桁数がNのとき

$10^{N-1} \leqq a^n < 10^N$

$N-1 \leqq \log_{10} a^n < N$

(2) $\log_{10} a$ の値が必要である。

Check! 5^{15} は何桁の整数であるか答えなさい。ただし，$\log_{10}2 = 0.3010$ とする。

第 11 章　指数関数と対数関数

解答　$\log_{10} 5 = \log_{10} \dfrac{10}{2} = \log_{10} 10 - \log_{10} 2 = 1 - 0.3010 = 0.6990$

　　　　$\log_{10} 5^{15} = 15 \log_{10} 5 = 15 \times 0.6990 = 10.485$

ゆえに　$10 < \log_{10} 5^{15} < 11$　　よって　$10^{10} < 5^{15} < 10^{11}$

したがって　5^{15} は <u>11 桁</u> **答** の整数である。

練習問題　解答編 ▶ p.48

1　次の方程式を解きなさい。

☐ (1)　$(\log_3 x)^2 - \log_3 x^3 - 10 = 0$

☐ (2)　$\left(\log_2 \dfrac{x}{4} \right) \left(\log_2 \dfrac{x}{8} \right) = 20$

 Jump Up!

☐ (3)　$2 \log_2 (x - 8) = 2 + \log_2 (23 - x)$

2　次の問に答えなさい。ただし，$\log_{10} 2 = 0.3010$，$\log_{10} 3 = 0.4771$ とする。

☐ (1)　2^{90} は何桁の整数であるか答えなさい。

☐ (2)　$2^n < 12^{10}$ を満たす最大の整数 n を求めなさい。

34 極限値，導関数

① 極限値

　関数の極限値は，微分係数，導関数を定義するための重要項目です。分数式で表された関数で分母・分子がそれぞれ 0 に近づく場合は，因数分解を利用した約分を用いて極限値を求めます。

例　極限値 $\displaystyle\lim_{x \to 2}\frac{x^2+x-6}{x^2-4}$ を求めなさい。

解答　$\displaystyle\lim_{x \to 2}\frac{x^2+x-6}{x^2-4}=\lim_{x \to 2}\frac{(x-2)(x+3)}{(x-2)(x+2)}$

$\displaystyle\qquad\qquad =\lim_{x \to 2}\frac{x+3}{x+2}=\frac{2+3}{2+2}=\underline{\frac{5}{4}}$ **答**

例　$\displaystyle\lim_{h \to 0}\frac{(x+h)^3-x^3}{h}$ を求めなさい。

解答　$\displaystyle\lim_{h \to 0}\frac{(x+h)^3-x^3}{h}=\lim_{h \to 0}\frac{3hx^2+3h^2x+h^3}{h}$

$\displaystyle\qquad\qquad =\lim_{h \to 0}(3x^2+3hx+h^2)=\underline{3x^2}$ **答** ← x は固定，h が変化する

> **POINT** 関数の極限値
>
> 　関数 $f(x)$ において，x が a でない値をとりながら a に限りなく近づくとき，$f(x)$ がある一定の値 α に限りなく近づく場合 $\displaystyle\lim_{x \to a}f(x)=\alpha$ と表す。
>
> 　この値 α を，$x \to a$ のときの $f(x)$ の極限値という。

② 微分係数，導関数

　関数 $f(x)$ の平均変化率で x が a から $a+h$ まで変わるとき，h が限りなく 0 に近づいたものが微分係数 $f'(a)$ です。図形的には接線の傾きを表し，これを関数とみたものが導関数 $f'(x)$ です。

例　関数 $f(x)=x^3-x^2$ について，$x=2$ における微分係数 $f'(2)$ を定義にしたがって求めなさい。

解答　$\displaystyle f'(2)=\lim_{h \to 0}\frac{f(2+h)-f(2)}{h}$

$\displaystyle\qquad =\lim_{h \to 0}\frac{\{(2+h)^3-(2+h)^2\}-(2^3-2^2)}{h}$

$\displaystyle\qquad =\lim_{h \to 0}\frac{12h+6h^2+h^3-4h-h^2}{h}$

$\displaystyle\qquad =\lim_{h \to 0}(12+6h+h^2-4-h)=\underline{8}$ **答**

例　関数 $f(x)=x^3-x^2$ について，導関数 $f'(x)$ を定義にしたがって求めなさい。

解答　$\displaystyle f'(x)=\lim_{h \to 0}\frac{f(x+h)-f(x)}{h}$

$\displaystyle\qquad =\lim_{h \to 0}\frac{\{(x+h)^3-(x+h)^2\}-(x^3-x^2)}{h}$

$\displaystyle\qquad =\lim_{h \to 0}\frac{3hx^2+3h^2x+h^3-2hx-h^2}{h}$

$\displaystyle\qquad =\lim_{h \to 0}(3x^2+3hx+h^2-2x-h)=\underline{3x^2-2x}$ **答**

> **POINT** 微分係数・導関数
>
> (1) x が a から b まで変わるとき，$f(x)$ の平均変化率は
> $$\frac{f(b)-f(a)}{b-a}$$
> とくに，$b=a+h$ のとき，$f(x)$ の平均変化率は
> $$\frac{f(a+h)-f(a)}{h}$$
>
>
> (2) $f(x)$ の $x=a$ における微分係数
> $$f'(a)=\lim_{h \to 0}\frac{f(a+h)-f(a)}{h}$$
>
> (3) $f(x)$ の導関数
> $$f'(x)=\lim_{h \to 0}\frac{f(x+h)-f(x)}{h}$$

練習問題　解答編 ▶ p.49

1　次の問に答えなさい。

☐(1)　極限値 $\displaystyle \lim_{x \to 1} \frac{x^2 + x - 2}{x^3 - 1}$ を求めなさい。

☐(2)　極限値 $\displaystyle \lim_{h \to 0} \frac{(1+h)^3 - (1+3h)}{h^2}$ を求めなさい。

☐(3)　極限値 $\displaystyle \lim_{h \to 0} \frac{(x+h)^4 - x^4}{h}$ を求めなさい。

2　関数 $f(x) = x^3 - 9x^2 + 20x$ について，次の問に答えなさい。

☐(1)　x の値が 0 から 3 まで変わるとき，$f(x)$ の平均変化率を求めなさい。

☐(2)　$f(x)$ の $x = c$ における微分係数を定義にしたがって求めなさい。

35 接線の方程式，関数の増減

1 接線の方程式

曲線 $y=f(x)$ 上の $x=a$ に対応する点における接線の傾きは $f'(a)$ です。$f'(x)$ を求めるときは，$(x^n)'=nx^{n-1}$ などを利用します。

例　**放物線 $y=2x^2-4x$ 上の点 $(2, 0)$ における接線の方程式を求めなさい。**

解答　$f(x)=2x^2-4x$ とおくと　$f'(x)=4x-4$

ゆえに　$f'(2)=4\cdot2-4=4$

点 $(2, 0)$ における接線の方程式は

$$y-0=4(x-2) \text{ から } \underline{y=4x-8} \text{答}$$

例　**曲線 $y=x^3-4x$ の接線で点 $(1, -4)$ を通るものの方程式を求めなさい。**

解答　$f(x)=x^3-4x$ とおくと　$f'(x)=3x^2-4$

点 (t, t^3-4t) における接線の方程式は

$$y-(t^3-4t)=(3t^2-4)(x-t) \text{ から } y=(3t^2-4)x-2t^3$$

この直線が点 $(1, -4)$ を通るから　$-4=(3t^2-4)\cdot1-2t^3$

$$t^2(2t-3)=0 \qquad t=0, \frac{3}{2}$$

$t=0$ のとき，接点は $(0, 0)$ で，

接線の傾きは　$3\cdot0^2-4=-4$

接線の方程式は　$y-0=-4(x-0)$　　$\underline{y=-4x}$答

$t=\dfrac{3}{2}$ のとき，接点は $\left(\dfrac{3}{2}, -\dfrac{21}{8}\right)$ で，

接線の傾きは　$3\cdot\left(\dfrac{3}{2}\right)^2-4=\dfrac{11}{4}$

接線の方程式は　$y-\left(-\dfrac{21}{8}\right)=\dfrac{11}{4}\left(x-\dfrac{3}{2}\right)$　　$\underline{y=\dfrac{11}{4}x-\dfrac{27}{4}}$答

POINT　接線の方程式

(1) 曲線 $y=f(x)$ 上の点 $(a, f(a))$ における接線の方程式は
$$y-f(a)=f'(a)(x-a)$$

(2) 接点が不明の場合は，接点を $(t, f(t))$ とおき
$$y-f(t)=f'(t)(x-t)$$
が与えられた条件を満たすように t の方程式をつくり，t の値を求める。

▶ 導関数
$(x^n)'=nx^{n-1}$ （n は正の整数）
$(c)'=0$ （c は定数）

▶ 導関数の性質
k, l が定数のとき
$\{kf(x)+lg(x)\}'$
$=kf'(x)+lg'(x)$

2 関数の増減

増減表を作成するときは，x, y', y の行の順に空欄を埋めていきます。はじめに $y'=0$ となる x を求めて記入したのち，y' の符号（$+, -$）を調べて y の増減の矢印を記入し，極値を求めます。

例　**関数 $y=x^3-3x^2-9x$ の極値を求めなさい。**

解答　$y'=3x^2-6x-9=3(x+1)(x-3)$

$y'=0$ とすると　$x=-1, 3$

y の増減表は右のようになる。

ゆえに，y は $\underline{x=-1 \text{ で極大}}$ $\underline{\text{値} 5}$，$\underline{x=3 \text{ で極小値} -27}$答をとる。

x	$\cdots\cdots$	-1	$\cdots\cdots$	3	$\cdots\cdots$
y'	$+$	0	$-$	0	$+$
y	$\nearrow$	極大 5	$\searrow$	極小 -27	$\nearrow$

POINT　関数 $f(x)$ の増減

(1) $f'(x)=0$ となる x の値を求める。

(2) $f'(x)>0$ の区間で単調に増加，$f'(x)<0$ の区間で単調に減少。

(3) $f'(x)$ の符号が $x=a$ の前後で正から負に変わるとき $f(a)$ は極大値となり，負から正に変わるとき $f(a)$ は極小値となる。

Check! 関数 $y=x^3-9x$ の極値を求めなさい。

解答　$y'=3x^2-9=3(x^2-3)=3(x+\sqrt{3})(x-\sqrt{3})$

$y'=0$ とすると　$x=\pm\sqrt{3}$

y の増減表は右のようになる。

ゆえに，y は $x=-\sqrt{3}$ で極大値 $\boxed{ア\qquad}$，

$x=\sqrt{3}$ で極小値 $\boxed{イ\qquad}$ **答** をとる。

x	$\cdots$	$-\sqrt{3}$	$\cdots$	$\sqrt{3}$	$\cdots$
y'	$+$	0	$-$	0	$+$
y	↗	極大	↘	極小	↗

ア $6\sqrt{3}$　　イ $-6\sqrt{3}$

練習問題　解答編 ▶ p.50

1 次の問に答えなさい。

□(1)　$f(x)=x^3-2x^2-1$ のとき，曲線 $y=f(x)$ 上の点 $(2,-1)$ における接線の方程式を求めなさい。

□(2)　放物線 $y=x^2-1$ の接線で点 $(1,-4)$ を通るものの方程式を求めなさい。

JumpUp!

□(3)　曲線 $y=x^3-5x$ の接線で点 $(1,0)$ を通るものの方程式を求めなさい。

2 次の問に答えなさい。

□(1)　関数 $y=2x^3-3x^2+5$ の極値を求めなさい。

□(2)　関数 $y=-2x^3+3x^2+12x$ の極値を求めなさい。

36　不定積分と定積分

① 不定積分と定積分

　関数 $f(x)$ に対して，微分すると $f(x)$ になる関数，すなわち $F'(x)=f(x)$ である関数 $F(x)$ を $f(x)$ の不定積分（または原始関数）といい，$F(x)=\displaystyle\int f(x)\,dx$ で表します。不定積分は定数部分の違いにより無数にあります。関数 $f(x)$ の不定積分の1つを $F(x)$ とするとき，$F(b)-F(a)$ の値を $f(x)$ の a から b までの定積分といい，$\displaystyle\int_a^b f(x)\,dx$ で表します。

例　条件 $F'(x)=3x^2-4x$, $F(2)=1$ を満たす関数 $F(x)$ を求めなさい。

解答　$F(x)=\displaystyle\int(3x^2-4x)\,dx=x^3-2x^2+C$

　　$F(2)=1$ より　$2^3-2\cdot2^2+C=1$

　　$C=1$ となり　$\underline{F(x)=x^3-2x^2+1}$ 答

例　$\displaystyle\int_{-1}^{2}(6x^2+3)\,dx$ の値を求めなさい。

解答　$\displaystyle\int_{-1}^{2}(6x^2+3)\,dx=\Big[2x^3+3x\Big]_{-1}^{2}$

　　$=(2\cdot8+3\cdot2)-\{2\cdot(-1)+3\cdot(-1)\}=\underline{27}$ 答

Check!　$\displaystyle\int_{-1}^{3}(x^2-2x-3)\,dx$ の値を求めなさい。

解答　$\displaystyle\int_{-1}^{3}(x^2-2x-3)\,dx=\Big[\dfrac{1}{3}x^3-x^2-3x\Big]_{-1}^{3}$

　　$=\Big(\dfrac{1}{3}\cdot27-9-3\cdot3\Big)-\Big\{\dfrac{1}{3}\cdot(-1)-1-3\cdot(-1)\Big\}=\boxed{ア}$ 答

POINT　不定積分と定積分

(1)　$F'(x)=f(x)$
　　$\Longleftrightarrow \displaystyle\int f(x)\,dx=F(x)+C$
　　　（C は積分定数）

(2)　$\displaystyle\int x^n\,dx=\dfrac{1}{n+1}x^{n+1}+C$
　　（n は 0 または正の整数）

(3)　$\displaystyle\int_a^b f(x)\,dx=\Big[F(x)\Big]_a^b$
　　　$=F(b)-F(a)$

(4)　$\displaystyle\int_{-a}^{a} x^{(奇数)}\,dx=0$
　　$\displaystyle\int_{-a}^{a} x^{(偶数)}\,dx=2\displaystyle\int_0^a x^{(偶数)}\,dx$

$\boxed{ア}\ -\dfrac{32}{3}$

② 定積分を含む等式を満たす関数

　例えば，$\displaystyle\int_0^1 f(t)\,dt$ は変数 t に注目した定積分ですが，下端と上端が 0 と 1 なので，関数 $f(t)$ が未知でも $\displaystyle\int_0^1 f(t)\,dt$ の値は定数とわかります。一方，上端が x である $\displaystyle\int_a^x f(t)\,dt$ を含む場合（a は定数），$\displaystyle\int_a^x f(t)\,dt=F(x)-F(a)$ から x の関数となり，$\Big\{\displaystyle\int_a^x f(t)\,dt\Big\}'=f(x)$ の関係を利用します。

例　等式 $f(x)=3x^2+\displaystyle\int_0^2 f(t)\,dt$ を満たす関数 $f(x)$ を求めなさい。

解答　$\displaystyle\int_0^2 f(t)\,dt=k$ とおくと，$f(x)=3x^2+k$

　　よって　$\displaystyle\int_0^2 f(t)\,dt=\displaystyle\int_0^2(3t^2+k)\,dt=\Big[t^3+kt\Big]_0^2=8+2k$

　　ゆえに　$8+2k=k$ より　$k=-8$

　　したがって　$\underline{f(x)=3x^2-8}$ 答

POINT　定積分を含む関数(1)

　$\displaystyle\int_0^1 f(t)\,dt$ など定数となる定積分を含む場合は，$\displaystyle\int_0^1 f(t)\,dt=k$ のようにおく。

例　$\displaystyle\int_3^x f(t)\,dt = 2x^2 - 5x + k$　……①　を満たす関数 $f(x)$ と

定数 k を求めなさい。

解答　①の両辺を x で微分して　$\underline{f(x) = 4x - 5}$ **答**

　①に $x = 3$ を代入すると　$0 = 2 \cdot 3^2 - 5 \cdot 3 + k$　$\underline{k = -3}$ **答**

> **POINT**　定積分を含む関数(2)
>
> $\displaystyle\int_a^x f(t)\,dt$ を含む場合（a は定数）
>
> は，$\left\{\displaystyle\int_a^x f(t)\,dt\right\}' = f(x)$ の関係を
>
> 利用する。また，$\displaystyle\int_a^a f(t)\,dt = 0$ の
>
> 性質を利用する。

解答編 ▶ p.52

1　次の問に答えなさい。

☐(1)　条件 $f'(x) = 2x - 2$，$f(-1) = 0$ を満たす関数 $f(x)$ を求めなさい。

☐(2)　曲線 $y = f(x)$ 上の各点 $(x,\ y)$ における接線の傾きが $x^2 - 2x$ で表される曲線のうち，点 $(3,\ -1)$ を通るものを求めなさい。

☐(3)　$\displaystyle\int_{-1}^2 (2x+1)(x-2)\,dx$ の値を求めなさい。

2　次の問に答えなさい。

☐(1)　等式 $\displaystyle\int_a^x f(t)\,dt = x^2 - 2x - 8$ を満たす関数 $f(x)$ と定数 a の値を求めなさい。

☐(2)　等式 $f(x) = 3x^2 + 5x + \displaystyle\int_{-1}^1 f(t)\,dt$ を満たす関数 $f(x)$ を求めなさい。

JumpUp!

☐(3)　等式 $f'(x) = x^2 + 2x\displaystyle\int_0^1 f(t)\,dt$ を満たす関数 $f(x)$ を考える。$f(0) = 1$ のとき，$\displaystyle\int_0^1 f(t)\,dt$ の値を求めなさい。

第12章　微分法と積分法

37　面　積

①　面　積

2つの曲線で囲まれた図形の面積は，定積分を利用して求めることができます。2つの曲線の上下が入れかわる場合などでは，面積を求める部分を分割して公式を利用します。

例　放物線 $y=3x^2+1$ と x 軸，および2直線 $x=-1$，$x=2$ で囲まれた図形の面積 S を求めなさい。

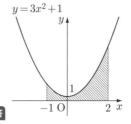

解答　$S=\displaystyle\int_{-1}^{2}(3x^2+1)dx=\Big[x^3+x\Big]_{-1}^{2}$

$\qquad=(8+2)-\{(-1)+(-1)\}=\underline{12}$ 答

例　曲線 $y=(x+1)(x-1)(x-3)$ と x 軸で囲まれた2つの図形の面積の和 S を求めなさい。

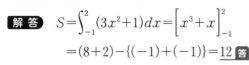

解答　$S=\displaystyle\int_{-1}^{1}(x+1)(x-1)(x-3)dx$

$\qquad+\displaystyle\int_{1}^{3}\{-(x+1)(x-1)(x-3)\}dx$

$\qquad=\displaystyle\int_{-1}^{1}(x^3-3x^2-x+3)dx-\int_{1}^{3}(x^3-3x^2-x+3)dx$

$\qquad=\Big[\dfrac{1}{4}x^4-x^3-\dfrac{1}{2}x^2+3x\Big]_{-1}^{1}-\Big[\dfrac{1}{4}x^4-x^3-\dfrac{1}{2}x^2+3x\Big]_{1}^{3}$

$\qquad=\Big\{\dfrac{7}{4}-\Big(-\dfrac{9}{4}\Big)\Big\}-\Big\{\Big(-\dfrac{9}{4}\Big)-\dfrac{7}{4}\Big\}=\underline{8}$ 答

POINT　面積(1)

区間 $a\leqq x\leqq b$ で常に $f(x)\geqq g(x)$ とする。2つの曲線 $y=f(x)$，$y=g(x)$ および2直線 $x=a$，$x=b$ で囲まれた図形の面積 S は $S=\displaystyle\int_{a}^{b}\{f(x)-g(x)\}dx$

とくに，$y=g(x)$ が $y=0$（x 軸）のとき　$S=\displaystyle\int_{a}^{b}f(x)dx$

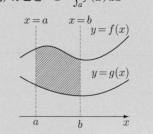

▶ 36 ① **POINT**（4）より

$\displaystyle\int_{-1}^{1}(x^3-3x^2-x+3)dx$

$=2\displaystyle\int_{0}^{1}(-3x^2+3)dx$

としてもよい。

②　放物線と直線で囲まれた図形の面積

2つの曲線 $y=f(x)$，$y=g(x)$ について，$f(x)-g(x)=k(x-\alpha)(x-\beta)$ であるとき，

$\displaystyle\int_{\alpha}^{\beta}(x-\alpha)(x-\beta)dx=-\dfrac{1}{6}(\beta-\alpha)^3$ を利用することができます。

例　放物線 $y=2(x-1)(x-5)$ と x 軸で囲まれた図形の面積 S を求めなさい。

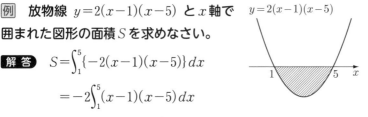

解答　$S=\displaystyle\int_{1}^{5}\{-2(x-1)(x-5)\}dx$

$\qquad=-2\displaystyle\int_{1}^{5}(x-1)(x-5)dx$

$\qquad=-2\Big\{-\dfrac{1}{6}(5-1)^3\Big\}=\dfrac{1}{3}\cdot4^3=\underline{\dfrac{64}{3}}$ 答

POINT　面積(2)

放物線と直線で囲まれた図形の面積で利用できる計算公式

$\displaystyle\int_{\alpha}^{\beta}(x-\alpha)(x-\beta)dx$

$\qquad=-\dfrac{1}{6}(\beta-\alpha)^3$

Check!　放物線 $y=x^2-2x+2$ と放物線 $y=-2x^2+10x-7$ で囲まれた図形の面積 S を求めなさい。

解答　共有点の x 座標は $x^2-2x+2=-2x^2+10x-7$ の実数解

$3x^2-12x+9=0$　$3(x-1)(x-3)=0$ より，$x=1,\ 3$

$$S=\int_1^3\{(-2x^2+10x-7)-(x^2-2x+2)\}dx=\int_1^3\{-(3x^2-12x+9)\}dx$$

$$=-3\int_1^3(x-1)(x-3)\,dx=-3\left\{-\frac{1}{6}(3-1)^3\right\}=\boxed{\quad \text{ア} \quad}\text{答}$$

ア　4

　解答編 ▶ p.53

1　次の問に答えなさい。

☐(1)　放物線 $y=4(x-2)^2$ と x 軸および y 軸で囲まれた図形の面積 S を求めなさい。

☐(2)　曲線 $y=(x-1)(x-2)(x-3)$ と x 軸で囲まれた2つの図形の面積の和 S を求めなさい。

☐(3)　放物線 $y=-\dfrac{1}{2}x^2+3x-2$ と放物線上の点 $(4,\ 2)$ における接線 $y=-x+6$ および y 軸で囲まれた図形の面積 S を求めなさい。

2　次の問に答えなさい。

☐(1)　放物線 $y=(x-6)^2$ と直線 $y=3x$ で囲まれた図形の面積 S を求めなさい。

Jump Up!

☐(2)　放物線 $y=x^2+1$ と放物線 $y=-x^2+2x+4$ で囲まれた図形の面積 S を求めなさい。

第12章　微分法と積分法

38　等差数列，等比数列

① 等差数列

　等差数列では一般項（第 n 項）と，初項から第 n 項までの和の求め方が重要です。初項 a に次々に一定の数 d（公差）を加えていくとできる数列ですが，第 n 項までには d を $(n-1)$ 回加えているので第 n 項は $a+(n-1)d$ となります。和の求め方は，台形の面積の求め方に似ています。

例　5 で割ると 3 余る自然数を小さいものから順に並べた数列を $\{a_n\}$ とすると，この数列は等差数列になる。この数列の一般項と，初項から第 100 項までの和 S_{100} を求めなさい。

解答　初項 3，公差 5 の等差数列なので

　　　一般項は　$a_n=3+(n-1)\cdot5=\underline{5n-2}$ 答

第 100 項は　$a_{100}=5\cdot100-2=498$

初項から第 100 項までの和 S_{100} は

$$S_{100}=\frac{100(a_1+a_{100})}{2}=\frac{100(3+498)}{2}=\underline{25050}\ 答$$

POINT　等差数列

　初項 a，公差 d の等差数列 $\{a_n\}$
(1)　一般項は　$a_n=a+(n-1)d$
(2)　初項から第 n 項までの和 S_n は

$$S_n=\frac{n(a_1+a_n)}{2}$$

（初項と末項で求める）

$$S_n=\frac{n\{2a+(n-1)d\}}{2}$$

（初項と公差で求める）

例　等差数列 $\{a_n\}$ の第 5 項は 16 で，初項から第 5 項までの和が 50 であるとき，初項 a と公差 d を求めなさい。

解答　一般項は　$a_n=a+(n-1)d$ であり，$a_5=16$ から　$a+4d=16$　……①

初項から第 5 項までの和が 50 であるので　$\dfrac{5(a_1+a_5)}{2}=50$ から　$\dfrac{5(a+16)}{2}=50$　……②

②より　$\underline{a=4}$ 答　　①より　$\underline{d=3}$ 答

② 等比数列

　初項 a に次々に一定の数 r（公比）を掛けていくとできる数列ですが，第 n 項までには r を $(n-1)$ 回掛けているので第 n 項は ar^{n-1} となります。和の公式では，指数の部分が項数の n に対応して r^n となります。

例　等比数列 $\{a_n\}$ の初項が $\dfrac{1}{12}$，公比が $\dfrac{1}{2}$ であるとき，初項から第 n 項までの和 S_n を求めなさい。

解答　$S_n=\dfrac{\dfrac{1}{12}\left\{1-\left(\dfrac{1}{2}\right)^n\right\}}{1-\dfrac{1}{2}}=\underline{\dfrac{1}{6}\left\{1-\left(\dfrac{1}{2}\right)^n\right\}}$ 答

POINT　等比数列

　初項 a，公比 r の等比数列 $\{a_n\}$
(1)　一般項は　$a_n=ar^{n-1}$
(2)　初項から第 n 項までの和 S_n は
　$r\neq1$ のとき

$$S_n=\frac{a(r^n-1)}{r-1}$$

（$r>1$ のとき利用）

$$S_n=\frac{a(1-r^n)}{1-r}$$

（$r<1$ のとき利用）

$r=1$ のとき

$$S_n=na$$

Check!　等比数列 $\{a_n\}$ の初項を 2 とし，第 6 項を 486 とする。数列 $\{a_n\}$ の初項から第 n 項までの和 S_n を求めなさい。

解答　公比を r とすると，一般項は　$a_n=2\cdot r^{n-1}$

　$a_6=2\cdot r^5=486$ より　$r^5=243$　　　$r=3$

　よって，$S_n=\dfrac{2(3^n-1)}{3-1}=\boxed{\text{ア}}$ 答

ア 3^n-1

練習問題　解答編 ▶ p.54

1 次の問に答えなさい。

☐(1)　等差数列 $\{a_n\}$ の第 11 項を 203 とし，第 50 項を 515 とする。数列 $\{a_n\}$ の初項 a と公差 d を求めなさい。

☐(2)　200 以上 300 以下の自然数のうち，7 で割ると 2 余る数を小さいものから順に並べた数列を $\{a_n\}$ とすると，この数列は等差数列となる。数列 $\{a_n\}$ の初項から末項までの和を求めなさい。

☐(3)　初項が 55，公差が -6 の等差数列 $\{a_n\}$ の初項から第 n 項までの和を S_n とするとき，S_n の最大値を求めなさい。

2 次の問に答えなさい。

☐(1)　等比数列 $\{a_n\}$ の第 10 項を 32 とし，第 15 項を 1024 とする。数列 $\{a_n\}$ の初項 a と公比 r を求めなさい。

☐(2)　公比が負である等比数列 $\{a_n\}$ が $a_1 + a_2 = 72$，$a_3 = 6$ を満たしているとき，数列 $\{a_n\}$ の初項から第 n 項までの和 S_n を求めなさい。

39 和の記号 $\sum$

数列 $\{a_n\}$ の初項 a_1 から第 n 項 a_n までの和を，k を変数 $(1 \leqq k \leqq n)$ として用いて第 k 項を a_k で表すことで，$\sum\limits_{k=1}^{n} a_k$ と書きます。a_k が k の多項式となるときには，和の公式を利用します。和の公式では，n が定数として扱われることに注意が必要です。また，和の公式を用いた後にできる，n や $n+1$ に注目した因数分解に似た式の整理のしかたにも慣れるようにします。

例　n を自然数とするとき，次の和を求めなさい。

$$2^2 + 4^2 + 6^2 + \cdots\cdots + \{2(n-1)\}^2 + (2n)^2$$

解答　第 k 項が $(2k)^2$ の数列の初項から第 n 項までの和であるので

$$\sum_{k=1}^{n}(2k)^2 = \sum_{k=1}^{n} 4k^2 = 4\sum_{k=1}^{n}k^2$$

$$= 4\cdot\frac{1}{6}n(n+1)(2n+1) = \underline{\frac{2}{3}n(n+1)(2n+1)}_{\text{答}}$$

POINT 数列の和の公式

(1) $\sum\limits_{k=1}^{n} 1 = n$

(2) $\sum\limits_{k=1}^{n} k = \dfrac{1}{2}n(n+1)$

(3) $\sum\limits_{k=1}^{n} k^2 = \dfrac{1}{6}n(n+1)(2n+1)$

(4) $\sum\limits_{k=1}^{n} k^3 = \left\{\dfrac{1}{2}n(n+1)\right\}^2$

Check!　n を自然数とするとき，次の和を求めなさい。

$$1^2 + 3^2 + 5^2 + \cdots\cdots + (2n-3)^2 + (2n-1)^2$$

解答　$\displaystyle\sum_{k=1}^{n}(2k-1)^2 = \sum_{k=1}^{n}(4k^2 - 4k + 1)$　*なぞろう!*

$$= 4\sum_{k=1}^{n}k^2 - 4\sum_{k=1}^{n}k + \sum_{k=1}^{n}1$$

$$= 4\cdot\frac{1}{6}n(n+1)(2n+1) - 4\cdot\frac{1}{2}n(n+1) + n$$

$$= \frac{2}{3}n(n+1)(2n+1) - \frac{6}{3}n(n+1) + \frac{3}{3}n \quad \leftarrow \text{慣れてきたら省略}$$

$$= \frac{1}{3}n\{2(n+1)(2n+1) - 6(n+1) + 3\} \quad \leftarrow \tfrac{1}{3}n \text{ が共通因数}$$

$$= \frac{1}{3}n(4n^2 - 1) = \underline{\frac{1}{3}n(2n+1)(2n-1)}_{\text{答}}$$

▶ $n=1$ とすると
$\dfrac{1}{3}\cdot1\cdot3\cdot1 = 1 = 1^2$

POINT $\sum$ の性質

(1) $\sum\limits_{k=1}^{n}(a_k + b_k) = \sum\limits_{k=1}^{n}a_k + \sum\limits_{k=1}^{n}b_k$

(2) $\sum\limits_{k=1}^{n} pa_k = p\sum\limits_{k=1}^{n}a_k$

（p は k に無関係な定数）

例　n を $n \geqq 2$ である自然数とするとき，次の和を求めなさい。

$$1\cdot(n-1)^2 + 2\cdot(n-2)^2 + 3\cdot(n-3)^2 + \cdots\cdots + (n-2)\cdot2^2 + (n-1)\cdot1^2 + n\cdot0^2$$

解答　第 k 項が $k\cdot(n-k)^2$ の数列の初項から第 n 項までの和であるので

$$\sum_{k=1}^{n}k(n-k)^2 = \sum_{k=1}^{n}(k^3 - 2nk^2 + n^2k) \quad \leftarrow k \text{ に注目して整理する}$$

$$= \sum_{k=1}^{n}k^3 - 2n\sum_{k=1}^{n}k^2 + n^2\sum_{k=1}^{n}k \quad \leftarrow n \text{ は定数扱い}$$

$$= \left\{\frac{1}{2}n(n+1)\right\}^2 - 2n\cdot\frac{1}{6}n(n+1)(2n+1) + n^2\cdot\frac{1}{2}n(n+1)$$

$$=\frac{1}{4}n^2(n+1)^2-\frac{1}{3}n^2(n+1)(2n+1)+\frac{1}{2}n^3(n+1) \quad \leftarrow \frac{1}{12}n^2(n+1) \text{ が共通因数}$$

$$=\frac{1}{12}n^2(n+1)\{3(n+1)-4(2n+1)+6n\}=\underline{\frac{1}{12}n^2(n+1)(n-1)} \text{ 答}$$

練習問題　解答編 ▶ p.55

1 次の問に答えなさい。

□(1)　一般項が $a_n=n^2+7$ である数列 $\{a_n\}$ について，初項から第 n 項までの和 S_n を求めなさい。

□(2)　自然数 n に対して，$S(n)=1^2\cdot2+2^2\cdot3+3^2\cdot4+\cdots\cdots+n^2\cdot(n+1)$ とおく。$\dfrac{S(14)}{S(5)}$ の値を求めなさい。

□(3)　n を自然数とするとき，$\displaystyle\sum_{k=1}^{n}(n-k)k$ を n の式として表しなさい。

□(4)　n を $n\geqq2$ である自然数とするとき，$\displaystyle\sum_{k=1}^{n-1}(k^2+2k)$ を n の式として表しなさい。

Jump Up!
□(5)　n を $n\geqq2$ である自然数とするとき，$\displaystyle\sum_{k=n}^{2n}(6k^2+4k)$ を n の式として表しなさい。

40　いろいろな数列の和

① 数列の和と一般項

　一般項が与えられたときの和の求め方は一般項の形によって異なりますが，初項から第 n 項までの和 S_n が与えられたときの一般項の求め方は，S_n と S_{n-1} の差を利用する方法だけです。

例　初項から第 n 項までの和 S_n が $S_n=n^2+5n$ で表される数列 $\{a_n\}$ の一般項を求めなさい。

解答　初項は $a_1=S_1=1^2+5\cdot1=6$

$n\geqq2$ のとき　$a_n=S_n-S_{n-1}$
$$=(n^2+5n)-\{(n-1)^2+5(n-1)\}$$
$$=2n+4　\cdots\cdots①$$

①で $n=1$ とすると $a_1=6$ が得られるので，①は $n=1$ のときも成り立つ。

　したがって，一般項は　$\underline{a_n=2n+4}$ **答**

> **POINT** 数列の和と一般項
>
> 　数列 $\{a_n\}$ の初項から第 n 項までの和が S_n であるときの一般項の求め方
> [Ⅰ]　$a_1=S_1$
> [Ⅱ]　$n\geqq2$ のとき
> 　　$a_n=S_n-S_{n-1}$　$\cdots\cdots①$
> [Ⅲ]　①が $n=1$ のときも成り立つかどうかを確認する。

Check!　初項から第 n 項までの和 S_n が $S_n=3^n-1$ で表される数列 $\{a_n\}$ の一般項を求めなさい。

解答　初項は $a_1=S_1=3^1-1=2$ 　　✎なぞろう!

$n\geqq2$ のとき　$a_n=S_n-S_{n-1}$
$$=(3^n-1)-(3^{n-1}-1)=3^{n-1}(3-1)$$
$$=2\cdot3^{n-1}　\cdots\cdots①$$

①で $n=1$ とすると $a_1=2$ が得られるので，①は $n=1$ のときも成り立つ。

　したがって，一般項は　$\underline{a_n=2\cdot3^{n-1}}$ **答**

② いろいろな数列の和

　等差数列の和，等比数列の和，39 の一般項が多項式の和以外の場合の計算では，
「$f(n+1)-f(n)$ の形の和」と「一般項が $n\cdot r^{n-1}$ の形の和」の2つの和の求め方が重要です。

例　$\dfrac{1}{k(k+1)}=\dfrac{1}{k}-\dfrac{1}{k+1}$ を利用して，次の和 S を求めなさい。

$$S=\frac{1}{1\cdot2}+\frac{1}{2\cdot3}+\frac{1}{3\cdot4}+\cdots\cdots+\frac{1}{19\cdot20}+\frac{1}{20\cdot21}$$

解答　$S=\dfrac{1}{1\cdot2}+\dfrac{1}{2\cdot3}+\dfrac{1}{3\cdot4}+\cdots\cdots+\dfrac{1}{19\cdot20}+\dfrac{1}{20\cdot21}$

$$=\left(\frac{1}{1}-\frac{1}{2}\right)+\left(\frac{1}{2}-\frac{1}{3}\right)+\left(\frac{1}{3}-\frac{1}{4}\right)+$$
$$\cdots\cdots+\left(\frac{1}{19}-\frac{1}{20}\right)+\left(\frac{1}{20}-\frac{1}{21}\right)=\frac{1}{1}-\frac{1}{21}=\underline{\frac{20}{21}}\text{**答**}$$

> **POINT** いろいろな数列の和
>
> (1)　一般項が $f(n+1)-f(n)$ の形のときの和は，書き並べたとき途中の項が次々に消えることを利用して求める。
> (2)　一般項が $n\cdot r^{n-1}$ の形のときの和は，和を S とおいて $S-rS$ の計算を利用する。

例　次の和を求めなさい。

$$1\cdot1+2\cdot5+3\cdot5^2+\cdots\cdots+n\cdot5^{n-1}$$

解答 求める和を S とおき，$S-5S$ を計算する。

$$S=1\cdot1+2\cdot5+3\cdot5^2+4\cdot5^3+\cdots\cdots+\qquad n\cdot5^{n-1}$$

$$\underline{-)\,5S=\qquad\quad 1\cdot5+2\cdot5^2+3\cdot5^3+\cdots\cdots+(n-1)\cdot5^{n-1}+n\cdot5^n}$$

$$-4S=(\,1+\;\;5+\;\;5^2+\;\;5^3+\cdots\cdots+\qquad\quad 5^{n-1})-n\cdot5^n\quad\leftarrow(\ )内は等比数列の和$$

$$=\frac{1\cdot(5^n-1)}{5-1}-n\cdot5^n=\frac{1}{4}\cdot5^n-\frac{1}{4}-n\cdot5^n$$

したがって，　$S=-\dfrac{1}{16}\cdot5^n+\dfrac{1}{16}+\dfrac{1}{4}n\cdot5^n=\dfrac{1}{16}(4n-1)\cdot5^n+\dfrac{1}{16}$ 答

練習問題 　解答編 ▶ p.57

1　次の問に答えなさい。

☐(1)　初項から第 n 項までの和 S_n が $S_n=4^n-1$ で表される数列 $\{a_n\}$ の一般項を求めなさい。

☐(2)　初項から第 n 項までの和 S_n が $S_n=n^3+3n^2+2n$ で表される数列 $\{a_n\}$ の一般項を求めなさい。

2　次の問に答えなさい。

☐(1)　$\dfrac{1}{k(k+1)(k+2)}=\dfrac{1}{2}\left\{\dfrac{1}{k(k+1)}-\dfrac{1}{(k+1)(k+2)}\right\}$ を利用して，次の和 S を求めなさい。

$$S=\frac{1}{1\cdot2\cdot3}+\frac{1}{2\cdot3\cdot4}+\frac{1}{3\cdot4\cdot5}+\cdots\cdots+\frac{1}{19\cdot20\cdot21}+\frac{1}{20\cdot21\cdot22}$$

☐(2)　$\dfrac{1}{k(k+2)}=\dfrac{1}{2}\left(\dfrac{1}{k}-\dfrac{1}{k+2}\right)$ を利用して，次の和 S を求めなさい。

$$S=\frac{1}{1\cdot3}+\frac{1}{2\cdot4}+\frac{1}{3\cdot5}+\cdots\cdots+\frac{1}{(n-1)(n+1)}+\frac{1}{n(n+2)}$$

JumpUp!

☐(3)　次の和を求めなさい。

$$4\cdot1+7\cdot4+10\cdot4^2+\cdots\cdots+(3n+1)\cdot4^{n-1}$$

第13章

数列

41 漸化式

漸化式から一般項を求めるとき，階差数列を利用する方法と，等比数列を利用する方法の2つが基本となります。階差数列は，ある数列の隣り合う項の差（$a_{n+1}-a_n$）を項としてできる数列です。等比数列を利用する方法では，等比数列であることを読み取れるように漸化式を変形する必要があります。

例 $a_1=1$，$a_{n+1}=a_n+6n^2$（$n=1,\ 2,\ 3,\ \cdots$）によって定められる数列 $\{a_n\}$ の一般項を求めなさい。

解答 $a_{n+1}-a_n=6n^2$

数列 $\{a_n\}$ の階差数列の第 n 項が $6n^2$ であるから，$n\geqq2$ のとき

$$a_n=a_1+\sum_{k=1}^{n-1}6k^2$$

$$=1+6\cdot\frac{1}{6}(n-1)n(2n-1)$$ ← $\sum_{k=1}^{n}k^2=\frac{1}{6}n(n+1)(2n+1)$ で n を $n-1$ に置き換える

$$=2n^3-3n^2+n+1$$

初項は $a_1=1$ なので，この式は $n=1$ のときにも成り立つ。
したがって，一般項は $\underline{a_n=2n^3-3n^2+n+1}$ 答

POINT 漸化式

(1) 階差数列を利用する方法
$a_{n+1}=a_n+$（n の式）の形
$a_{n+1}-a_n=b_n$ とすると
$n\geqq2$ のとき
$$a_n=a_1+\sum_{k=1}^{n-1}b_k$$

(2) 等比数列を利用する方法
$a_{n+1}=pa_n+q$（$p\neq1$）の形
　　　（p，q は定数）
$a_{n+1}-c=p(a_n-c)$ と変形する。
$b_n=a_n-c$ とおくと
$b_{n+1}=pb_n$，$b_1=a_1-c$
$b_n=b_1\cdot p^{n-1}$ より
$$a_n=(a_1-c)\cdot p^{n-1}+c$$

Check! $a_1=2$，$a_{n+1}=a_n+2^{n-1}$（$n=1,\ 2,\ 3,\ \cdots$）によって定められる数列 $\{a_n\}$ の一般項を求めなさい。 なぞろう！

解答 $a_{n+1}-a_n=2^{n-1}$ より，数列 $\{a_n\}$ の階差数列の第 n 項が 2^{n-1} であるから，$n\geqq2$ のとき

$$a_n=a_1+\sum_{k=1}^{n-1}2^{k-1}=2+\frac{1\cdot(2^{n-1}-1)}{2-1}$$ ← $\sum_{k=1}^{n-1}2^{k-1}$ は，初項1，公比2，項数 $n-1$ の等比数列の和

$$=2^{n-1}+1$$

初項は $a_1=2$ なので，この式は $n=1$ のときにも成り立つ。
したがって，一般項は $\underline{a_n=2^{n-1}+1}$ 答

例 $a_1=3$，$a_{n+1}=4a_n-6$（$n=1,\ 2,\ 3,\ \cdots$）によって定められる数列 $\{a_n\}$ の一般項を求めなさい。

解答 $a_{n+1}-c=4(a_n-c)$ の形に変形する。

$a_{n+1}=4a_n-3c$ より　$-3c=-6$ ← 漸化式の定数部分を比較する

$c=2$ から　$a_{n+1}-2=4(a_n-2)$

$b_n=a_n-2$ とおくと　$b_{n+1}=4b_n$，$b_1=a_1-2=3-2=1$

数列 $\{b_n\}$ は初項1，公比4の等比数列で，一般項は $b_n=1\cdot4^{n-1}=4^{n-1}$

$a_n=b_n+2$ であるから，数列 $\{a_n\}$ の一般項は $\underline{a_n=4^{n-1}+2}$ 答

Check! $a_1=1$，$a_{n+1}=-2a_n-6$（$n=1,\ 2,\ 3,\ \cdots$）によって定められる数列 $\{a_n\}$ の一般項を求めなさい。

解答 $a_{n+1}=-2a_n-6$ を変形すると なぞろう！
$$a_{n+1}+2=-2(a_n+2)$$ ← $a_{n+1}-c=-2(a_n-c)$　$a_{n+1}=-2a_n+3c$ より　$3c=-6$　$c=-2$

$b_n = a_n + 2$ とおくと　　$b_{n+1} = -2b_n$,　$b_1 = a_1 + 2 = 1 + 2 = 3$

数列 $\{b_n\}$ は初項 3，公比 -2 の等比数列で　　$b_n = 3 \cdot (-2)^{n-1}$

$a_n = b_n - 2$ であるから，数列 $\{a_n\}$ の一般項は　$\underline{a_n = 3 \cdot (-2)^{n-1} - 2}$ 答

練 習 問 題　解答編 ▶ p.58

1 次の条件によって定められる数列 $\{a_n\}$ の一般項を求めなさい。ただし，漸化式は，$n = 1$, 2, 3, …… で成り立つものとする。

☐(1)　$a_1 = 2$,　$a_{n+1} = a_n + 6n$

☐(2)　$a_1 = 3$,　$a_{n+1} = a_n + 2 \cdot 3^{n-1}$

☐(3)　$a_1 = 3$,　$a_{n+1} = 3a_n - 4$

☐(4)　$a_1 = 1$,　$a_{n+1} = \dfrac{1}{3} a_n - \dfrac{2}{3}$

Jump Up!

☐(5)　$a_1 = \dfrac{1}{4}$,　$\dfrac{1}{a_{n+1}} - \dfrac{1}{a_n} = 2n + 3$

42　確率変数の期待値と分散

(1) 確率変数の期待値（平均），分散，標準偏差

確率変数 X の確率分布の表が与えられたときの期待値 $E(X)$，分散 $V(X)$，標準偏差 $\sigma(X)$ の求め方を整理しておきましょう。$V(X)$ を求めるときに $E(X^2)$ を利用する公式があります。

例 確率変数 X が次の分布に従うとき，期待値と分散を求めなさい。

X	1	2	3	計
$P(X)$	$\frac{1}{3}$	$\frac{1}{3}$	$\frac{1}{3}$	1

解答 期待値は

$$E(X)=1\cdot\frac{1}{3}+2\cdot\frac{1}{3}+3\cdot\frac{1}{3}=2 \text{ 答}$$

分散は

$$V(X)=(1-2)^2\cdot\frac{1}{3}+(2-2)^2\cdot\frac{1}{3}+(3-2)^2\cdot\frac{1}{3}$$

$$=1\cdot\frac{1}{3}+0\cdot\frac{1}{3}+1\cdot\frac{1}{3}=\frac{2}{3} \text{ 答}$$

POINT 期待値，分散，標準偏差

確率変数 X が次の確率分布に従うとき

X	x_1	x_2	$\cdots$	x_n	計
$P(X)$	p_1	p_2	$\cdots$	p_n	1

(1) 期待値 $m=E(X)$
$$=x_1p_1+x_2p_2+\cdots+x_np_n$$
(2) 分散 $V(X)$
$$=(x_1-m)^2p_1+(x_2-m)^2p_2+\cdots$$
$$+(x_n-m)^2p_n$$
(3) $V(X)=E(X^2)-\{E(X)\}^2$
が成り立つ。
(4) 標準偏差 $\sigma(X)=\sqrt{V(X)}$

Check! **例** の分散を $V(X)=E(X^2)-\{E(X)\}^2$ を用いて求めなさい。　*なぞろう!*

解答 $E(X^2)=1^2\cdot\frac{1}{3}+2^2\cdot\frac{1}{3}+3^2\cdot\frac{1}{3}=\frac{14}{3}$　より

$$V(X)=E(X^2)-\{E(X)\}^2=\frac{14}{3}-2^2=\frac{2}{3} \text{ 答}$$

← 標準偏差は $\sigma(X)=\sqrt{V(X)}=\frac{\sqrt{6}}{3}$

(2) 確率変数を扱う計算問題

すでに期待値と分散がわかっている確率変数を用いて，さらに別の確率変数の期待値と分散を求める公式があります。2 つの確率変数を扱う場合には互いに独立かどうかに注意します。

例 確率変数 X の期待値が $E(X)=7$，分散が $V(X)=5$ であるとき，$E(3X+4)$，$V(3X+4)$ を求めなさい。

解答 $E(3X+4)=3E(X)+4=3\cdot7+4=25$ 答
$V(3X+4)=3^2V(X)=9\cdot5=45$ 答

POINT 確率変数の期待値・分散

(1) 確率変数 X と定数 a, b に対して
$$E(aX+b)=aE(X)+b$$
$$V(aX+b)=a^2V(X)$$
$$\sigma(aX+b)=|a|\sigma(X)$$
(2) 確率変数の和の期待値
$$E(X+Y)=E(X)+E(Y)$$
(3) 独立な確率変数の和の分散
$$V(X+Y)=V(X)+V(Y)$$

Check! **例** の確率変数 X に対して，$E(3X-4)$，$\sigma(3X-4)$ を求めなさい。　*なぞろう!*

解答 $E(3X-4)=3E(X)-4=3\cdot7-4=17$ 答
$\sigma(3X-4)=|3|\sigma(X)=3\cdot\sqrt{5}=3\sqrt{5}$ 答

← $\sigma(X)=\sqrt{V(X)}$

例　確率変数 X と確率変数 Y が互いに独立であり，分散が $V(X)=V(Y)=\dfrac{35}{12}$ であるとき，確率変数 $X+Y$ の分散 $V(X+Y)$ を求めなさい。

解答　X と Y が互いに独立であるので　$V(X+Y)=V(X)+V(Y)=\dfrac{35}{12}+\dfrac{35}{12}=\underline{\dfrac{35}{6}}$ **答**

練習問題　解答編 ▶ p.60

1　次の問に答えなさい。

□(1)　確率変数 X が右の分布に従うとき，期待値と分散，標準偏差を求めなさい。

X	1	2	3	計
$P(X)$	$\dfrac{1}{4}$	$\dfrac{1}{2}$	$\dfrac{1}{4}$	1

Jump Up!

□(2)　3枚の硬貨を同時に投げるとき，表の出る枚数を X とする。X の期待値と標準偏差を求めなさい。

2　次の問に答えなさい。

□(1)　確率変数 X の期待値が $E(X)=4$，標準偏差が $\sigma(X)=2$ であるとき，確率変数 $Y=-3X+1$ の期待値 $E(Y)$，分散 $V(Y)$，標準偏差 $\sigma(Y)$ を求めなさい。

□(2)　確率変数 X の期待値が $E(X)=5$，標準偏差が $\sigma(X)=3$ であるとき，確率変数 $Y=aX+b$ $(a>0)$ の期待値が $E(Y)=0$，標準偏差が $\sigma(Y)=1$ となる定数 a, b の値を求めなさい。

□(3)　確率変数 X と確率変数 Y が互いに独立であり，標準偏差が $\sigma(X)=\sigma(Y)=\dfrac{\sqrt{105}}{6}$ であるとき，確率変数 $X+Y$ の標準偏差 $\sigma(X+Y)$ を求めなさい。

第14章　統計的な推測

43 正規分布

(1) 標準正規分布の利用

　確率変数 X が平均（期待値）m，標準偏差 σ の正規分布 $N(m, \sigma^2)$ に従うとき，標準化の変換を行うことで標準正規分布 $N(0, 1)$ の数表（正規分布表）を利用した確率の計算ができます。

　例　ある工場で生産される菓子の重量（単位：g）は正規分布 $N(225, 5^2)$ に従うという。重量が $220\,\mathrm{g}$ 以上 $230\,\mathrm{g}$ 以下の菓子はおよそ何％生産されるか求めなさい。ただし，正規分布表で $P(0 \leqq Z \leqq 1) = 0.3413$ とする。

　解答　正規分布 $N(225, 5^2)$ に従う確率変数を X とすると，

$Z = \dfrac{X - 225}{5}$ は $N(0, 1)$ に従う。

$$P(220 \leqq X \leqq 230) = P\left(\frac{220-225}{5} \leqq Z \leqq \frac{230-225}{5}\right)$$
$$= P(-1 \leqq Z \leqq 1) = P(-1 \leqq Z \leqq 0) + P(0 \leqq Z \leqq 1)$$
$$= P(0 \leqq Z \leqq 1) \times 2 = 0.3413 \times 2 = 0.6826$$

よって，およそ **68％** 答

> **POINT**　正規分布と標準化
>
> (1) 確率変数 X が平均 m，標準偏差 σ の正規分布に従うとき $N(m, \sigma^2)$ と表す。
>
> (2) $Z = \dfrac{X-m}{\sigma}$ と変換すると，Z は $N(0, 1)$（標準正規分布）に従う。
>
> (3) 計算に必要な確率 $P(0 \leqq Z \leqq z_0)$ の値を正規分布表から読み取る。

Check!　例で重量が $235\,\mathrm{g}$ より重い菓子はおよそ何％生産されるか求めなさい。ただし，$P(0 \leqq Z \leqq 2) = 0.4772$ とする。

なぞろう！

　解答　$P(X > 235) = P\left(Z > \dfrac{235-225}{5}\right)$
$$= P(Z > 2) = P(Z \geqq 0) - P(0 \leqq Z \leqq 2)$$
$$= 0.5 - 0.4772 = 0.0228 \quad \text{よって，およそ } \underline{2\%}\ 答$$

(2) 標本平均の分布と信頼区間

　母平均 m，母分散 σ^2 の母集団から無作為抽出された大きさ n の標本平均 $\overline{X}$ の分布は，n が大きければ正規分布 $N\left(m, \dfrac{\sigma^2}{n}\right)$ とみなすことができます。また，$P(-1.96 \leqq Z \leqq 1.96) = 0.95$ を用いることにより母平均の信頼度 95% の信頼区間を求めることができます。なお σ が不明のとき，標本の標準偏差 s で代用します。

　例　母平均 60，母標準偏差 14 の母集団から大きさ 49 の標本を抽出するとき，標本平均 $\overline{X}$ が 56 より小さくなる確率を求めなさい。ただし，$P(0 \leqq Z \leqq 2) = 0.4772$ とする。

　解答　標本平均 $\overline{X}$ の分布は $N\left(60, \dfrac{14^2}{49}\right)$ とみなすことができ，$Z = \dfrac{\overline{X}-60}{\dfrac{14}{\sqrt{49}}}$ の分布は $N(0, 1)$ とみなせる。

$$P(\overline{X} < 56) = P\left(Z < \frac{56-60}{\dfrac{14}{\sqrt{49}}}\right) = P(Z < -2)$$

> **POINT**　標本平均 $\overline{X}$ の分布
>
> (1) 標本平均 $\overline{X}$ の分布は n が大きければ $N\left(m, \dfrac{\sigma^2}{n}\right)$ とみなせる。
>
> (2) $Z = \dfrac{\overline{X}-m}{\dfrac{\sigma}{\sqrt{n}}}$ の分布は $N(0, 1)$ とみなせる。
>
> (3) 母平均 m に対する信頼度 95% の信頼区間は
> $$\overline{X} - 1.96 \cdot \frac{\sigma}{\sqrt{n}} \leqq m \leqq \overline{X} + 1.96 \cdot \frac{\sigma}{\sqrt{n}}$$

$$= P(Z>2) \quad \leftarrow 対称性から\ P(Z<-2)=P(Z>2)$$

$$=\underline{0.0228}\ \boxed{答} \quad \leftarrow ①のCheck!と同様に計算$$

例　ある工場で製造された製品の中から 100 個を無作為に抽出したところ，重さの平均は 120 g，標準偏差は 10 g であった。製造された製品 1 個の重さの平均 m に対する信頼度 95％ の信頼区間を求めなさい。

解答　$\overline{X}-1.96\cdot\dfrac{s}{\sqrt{n}}\leqq m\leqq \overline{X}+1.96\cdot\dfrac{s}{\sqrt{n}}$ から　$\leftarrow \sigma$ が不明なので標本の標準偏差 s を用いる

$$120-1.96\times\frac{10}{\sqrt{100}}\leqq m\leqq 120+1.96\times\frac{10}{\sqrt{100}}$$

すなわち $118.04\leqq m\leqq 121.96$　よって，$\underline{118.04\text{ g 以上 } 121.96\text{ g 以下}}$ $\boxed{答}$

練習問題　解答編 ▶ p.61

1　次の問に答えなさい。

□(1)　ある地方の小学校 4 年生の身長の分布は（単位：cm）はほぼ正規分布 $N(132,\ 5^2)$ に従うとする。身長が 130 cm 以上 134 cm 以下の 4 年生の生徒は全体のおよそ何％いると考えられるか求めなさい。ただし，正規分布表で $P(0\leqq Z\leqq 0.4)=0.1554$ とする。

Jump Up!

□(2)　ある工場で生産される菓子の重量（単位：g）は正規分布 $N(40,\ 16)$ に従うという。重量が 33 g 以上の菓子はおよそ何％生産されるか求めなさい。ただし，$P(0\leqq Z\leqq 1.75)=0.4599$ とする。

2　次の問に答えなさい。

□(1)　母平均 70，母標準偏差 20 の母集団から大きさ 100 の標本を抽出するとき，標本平均 $\overline{X}$ が 71 以上 73 以下となる確率を求めなさい。ただし，$P(0\leqq Z\leqq 0.5)=0.1915$，$P(0\leqq Z\leqq 1.5)=0.4332$ とする。

□(2)　ある工場で製造された菓子の中から 144 個を無作為に抽出したところ，重さの平均は 172 g，標準偏差は 6.0 g であった。製造された菓子 1 個の重さの平均 m に対する信頼度 95％ の信頼区間を求めなさい。

第 14 章　統計的な推測

44 ベクトルの成分表示

① ベクトルの大きさと内積

　ベクトルの成分表示により座標平面，座標空間における長さと角の大きさを扱うことができます。2 つのベクトルの内積を 2 通りに表すことで，これらのなす角 θ の $\cos\theta$ の値がわかります。

例 $\vec{a}=(1,\ 3)$, $\vec{b}=(4,\ -3)$, $\vec{a}$ と $\vec{b}$ のなす角を θ とするとき，$\cos\theta$ の値を求めなさい。

解答 $|\vec{a}|=\sqrt{1^2+3^2}=\sqrt{10}$

$\qquad |\vec{b}|=\sqrt{4^2+(-3)^2}=5$

$\qquad \vec{a}\cdot\vec{b}=1\cdot4+3\cdot(-3)=-5$

$\vec{a}\cdot\vec{b}=|\vec{a}||\vec{b}|\cos\theta$ より $\quad -5=\sqrt{10}\cdot5\cos\theta$

よって $\quad \cos\theta=-\dfrac{\sqrt{10}}{10}$ **答**

例 座標空間内の 3 点 A$(1,\ 3,\ 2)$, B$(4,\ -2,\ 1)$, C$(-1,\ -3,\ 5)$ について，内積 $\overrightarrow{AB}\cdot\overrightarrow{AC}$ を求めなさい。

解答 $\overrightarrow{AB}=\overrightarrow{OB}-\overrightarrow{OA}$

$\qquad\quad =(4,\ -2,\ 1)-(1,\ 3,\ 2)=(3,\ -5,\ -1)$

$\qquad \overrightarrow{AC}=\overrightarrow{OC}-\overrightarrow{OA}$

$\qquad\quad =(-1,\ -3,\ 5)-(1,\ 3,\ 2)=(-2,\ -6,\ 3)$

より $\quad \overrightarrow{AB}\cdot\overrightarrow{AC}=3\cdot(-2)+(-5)\cdot(-6)+(-1)\cdot3=21$ **答**

> **POINT** ベクトルの成分表示
>
> (1) 平面ベクトル
> $\quad \vec{a}=(a_1,\ a_2)$, $\vec{b}=(b_1,\ b_2)$, $\vec{a}$ と $\vec{b}$ のなす角が θ のとき
> $\quad$ 大きさ $\quad |\vec{a}|=\sqrt{a_1{}^2+a_2{}^2}$
> $\qquad\qquad\qquad |\vec{b}|=\sqrt{b_1{}^2+b_2{}^2}$
> $\quad$ 内積 $\quad \vec{a}\cdot\vec{b}=a_1b_1+a_2b_2$
> $\qquad\qquad \vec{a}\cdot\vec{b}=|\vec{a}||\vec{b}|\cos\theta$
>
> (2) 空間ベクトル
> $\quad \vec{a}=(a_1,\ a_2,\ a_3)$, $\vec{b}=(b_1,\ b_2,\ b_3)$, $\vec{a}$ と $\vec{b}$ のなす角が θ のとき
> $\quad$ 大きさ $\quad |\vec{a}|=\sqrt{a_1{}^2+a_2{}^2+a_3{}^2}$
> $\qquad\qquad\qquad |\vec{b}|=\sqrt{b_1{}^2+b_2{}^2+b_3{}^2}$
> $\quad$ 内積
> $\qquad \vec{a}\cdot\vec{b}=a_1b_1+a_2b_2+a_3b_3$
> $\qquad \vec{a}\cdot\vec{b}=|\vec{a}||\vec{b}|\cos\theta$

② 2 つのベクトルの平行，垂直

　図形の平行，垂直，大きさに関することをベクトルの式で表現し，成分の比較や内積などを利用して計算することができます。とくに，平行と垂直の関係での式のつくり方が重要です。

例 座標空間内の 3 点 A$(2,\ 4,\ 0)$, B$(1,\ 1,\ 1)$, C$(a,\ 0,\ b)$ が一直線上にあるとき，a, b の値を求めなさい。

解答 3 点 A, B, C が一直線上にあるとき，$\overrightarrow{AC}=k\overrightarrow{AB}$ となる実数 k がある。

$\quad \overrightarrow{AB}=(-1,\ -3,\ 1)$, $\overrightarrow{AC}=(a-2,\ -4,\ b)$ より

$\qquad (a-2,\ -4,\ b)=k(-1,\ -3,\ 1)=(-k,\ -3k,\ k)$

となるから

$\qquad a-2=-k$ $\cdots\cdots$① , $-4=-3k$ $\cdots\cdots$② , $b=k$ $\cdots\cdots$③

②より $\quad k=\dfrac{4}{3}$

よって，①から $\quad a=\dfrac{2}{3}$ **答**, ③から $\quad b=\dfrac{4}{3}$ **答**

> **POINT** 2 つのベクトルの関係
>
> $\vec{0}$ でない 2 つのベクトル $\vec{a}$, $\vec{b}$ について
>
> (1) 平行のとき
> $\quad \vec{b}=k\vec{a}$ となる実数 k がある。
> $\quad$ とくに，3 点 A, B, C が一直線上にあるとき，$\overrightarrow{AC}=k\overrightarrow{AB}$ となる実数 k がある。
>
> (2) 垂直のとき
> $\qquad \vec{a}\cdot\vec{b}=0$
> $\quad (\vec{a}\cdot\vec{b}=|\vec{a}||\vec{b}|\cos\theta$ で $\theta=90°$, $\cos90°=0$ から)

例 $\vec{a}=(1,\ 2)$, $\vec{b}=(2,\ 3)$, $\vec{c}=(2,\ -4)$ について，$\vec{a}+t\vec{b}$ が $\vec{c}$ と垂直になるときの実数 t の値を求めなさい。

解答 $\vec{a}+t\vec{b}=(1,\ 2)+t(2,\ 3)=(2t+1,\ 3t+2)$

$(\vec{a}+t\vec{b})\perp\vec{c}$ であるから　$(\vec{a}+t\vec{b})\cdot\vec{c}=0$

$(2t+1)\cdot2+(3t+2)\cdot(-4)=0$　　$-8t-6=0$ より　$t=-\dfrac{3}{4}$ 答

練習問題 解答編 ▶ p.62

1　次の問に答えなさい。

□(1)　$\vec{a}=(2,\ 1)$, $\vec{b}=(3,\ -1)$ のなす角 θ を求めなさい。ただし，$0°\leqq\theta\leqq180°$ とする。

□(2)　座標空間内の3点 A$(1,\ 0,\ 0)$, B$(0,\ 2,\ 0)$, C$(0,\ 0,\ 3)$ について，$\overrightarrow{AB}$ と $\overrightarrow{AC}$ のなす角を θ とするとき，$\cos\theta$ の値を求めなさい。

2　次の問に答えなさい。

□(1)　座標空間内の3点 A$\left(1,\ 0,\ \dfrac{1}{2}\right)$, B$\left(-1,\ 2,\ \dfrac{3}{2}\right)$, C$(a,\ b,\ 0)$ が一直線上にあるとき，a，b の値を求めなさい。

□(2)　$\vec{a}=(-7,\ 4)$, $\vec{b}=(2,\ -3)$ について，$\vec{a}+t\vec{b}$ が $\vec{a}+\vec{b}$ と垂直になるときの実数 t の値を求めなさい。

🏃 Jump Up!

□(3)　2つのベクトル $\vec{m}=(-1,\ 2,\ 0)$ と $\vec{n}=(-1,\ 0,\ 3)$ の両方に垂直で，大きさが7のベクトル $\vec{p}$ を求めなさい。

第15章 ベクトル

45　ベクトルの大きさと内積

　平面上の平行でない 2 つのベクトル $\vec{a}$, $\vec{b}$ が与えられると，この平面上のすべてのベクトルは，実数 p, q を用いて $p\vec{a}+q\vec{b}$ と表すことができます。そのベクトルの大きさ $|p\vec{a}+q\vec{b}|$ は，$|\vec{a}|$, $|\vec{b}|$, $\vec{a}\cdot\vec{b}$ の値がわかると，$|p\vec{a}+q\vec{b}|^2=p^2|\vec{a}|^2+2pq\vec{a}\cdot\vec{b}+q^2|\vec{b}|^2$ を用いて計算できます。

例　$\vec{a}$ は大きさ 2 のベクトル，$\vec{b}$ は大きさ 3 のベクトルで，$\vec{a}$ と $\vec{b}$ のなす角は $120°$ である。このとき，$\vec{a}+\vec{b}$ の大きさを求めなさい。

解答　$|\vec{a}|=2$, $|\vec{b}|=3$

$$\vec{a}\cdot\vec{b}=|\vec{a}||\vec{b}|\cos 120°=2\cdot 3\cdot\left(-\frac{1}{2}\right)=-3$$

であるから

$$|\vec{a}+\vec{b}|^2=|\vec{a}|^2+2\vec{a}\cdot\vec{b}+|\vec{b}|^2$$
$$=2^2+2\cdot(-3)+3^2=7$$

よって，$|\vec{a}+\vec{b}|=\sqrt{7}$ **答**

> **POINT**　ベクトルの内積
> (1) $\vec{a}\cdot\vec{b}=|\vec{a}||\vec{b}|\cos\theta$
> 　　　（θ は $\vec{a}$ と $\vec{b}$ のなす角）
> (2) $\vec{a}\cdot\vec{a}=|\vec{a}||\vec{a}|\cos 0°$
> 　　　$=|\vec{a}|^2$
> (3) $|p\vec{a}+q\vec{b}|^2$
> 　　$=(p\vec{a}+q\vec{b})\cdot(p\vec{a}+q\vec{b})$
> 　　$=p^2|\vec{a}|^2+2pq\vec{a}\cdot\vec{b}+q^2|\vec{b}|^2$

Check!　$\triangle\mathrm{OAB}$ が $|\overrightarrow{\mathrm{OA}}|=4$, $|\overrightarrow{\mathrm{OB}}|=\sqrt{7}$, $\overrightarrow{\mathrm{OA}}\cdot\overrightarrow{\mathrm{OB}}=5$ を満たすとき，$|3\overrightarrow{\mathrm{OA}}-\overrightarrow{\mathrm{OB}}|$ の値を求めなさい。

解答　$|3\overrightarrow{\mathrm{OA}}-\overrightarrow{\mathrm{OB}}|^2=9|\overrightarrow{\mathrm{OA}}|^2-6\overrightarrow{\mathrm{OA}}\cdot\overrightarrow{\mathrm{OB}}+|\overrightarrow{\mathrm{OB}}|^2$　*なぞろう！*
$$=9\cdot 4^2-6\cdot 5+(\sqrt{7})^2=121$$

よって，$|3\overrightarrow{\mathrm{OA}}-\overrightarrow{\mathrm{OB}}|=11$ **答**

例　ベクトル $\vec{a}$, $\vec{b}$ が $|\vec{a}|=2$, $|\vec{b}|=3$, $|2\vec{a}-\vec{b}|=\sqrt{35}$ を満たすとき，$\vec{a}\cdot\vec{b}$ の値を求めなさい。

解答　$|2\vec{a}-\vec{b}|^2=(\sqrt{35})^2$ から　$4|\vec{a}|^2-4\vec{a}\cdot\vec{b}+|\vec{b}|^2=35$　←$|\vec{a}|$, $|\vec{b}|$, $\vec{a}\cdot\vec{b}$ を用いて与えられた式の平方を書き直す

$|\vec{a}|=2$, $|\vec{b}|=3$ より　$4\cdot 2^2-4\vec{a}\cdot\vec{b}+3^2=35$

$-4\vec{a}\cdot\vec{b}=10$　よって　$\vec{a}\cdot\vec{b}=-\dfrac{5}{2}$ **答**

Check!　ベクトル $\vec{a}$, $\vec{b}$ が $|\vec{a}|=2$, $|\vec{a}-\vec{b}|=1$, $(\vec{a}-\vec{b})\cdot\vec{a}=1$ を満たすとき，$|\vec{b}|$ の値を求めなさい。

解答　$(\vec{a}-\vec{b})\cdot\vec{a}=1$ から　$|\vec{a}|^2-\vec{a}\cdot\vec{b}=1$　←$|\vec{a}|$, $\vec{a}\cdot\vec{b}$ を用いて与えられた式を書き直す　*なぞろう！*

$|\vec{a}|=2$ であるので　$2^2-\vec{a}\cdot\vec{b}=1$

ゆえに　$\vec{a}\cdot\vec{b}=3$　……①

$|\vec{a}-\vec{b}|^2=1^2$ から　$|\vec{a}|^2-2\vec{a}\cdot\vec{b}+|\vec{b}|^2=1$　←$|\vec{a}|$, $|\vec{b}|$, $\vec{a}\cdot\vec{b}$ を用いて与えられた式の平方を書き直す

$|\vec{a}|=2$ と①から　$2^2-2\cdot 3+|\vec{b}|^2=1$

$|\vec{b}|^2=3$ となり　$|\vec{b}|=\sqrt{3}$ **答**

練習問題 解答編 ▶ p.63

1 次の問に答えなさい。

□(1) $\vec{a}$ は大きさ 4 のベクトル，$\vec{b}$ は大きさ 2 のベクトルで，$\vec{a}$ と $\vec{b}$ のなす角は $60°$ である。このとき，$\vec{a}+\vec{b}$ の大きさを求めなさい。

□(2) $\triangle OAB$ が $|\overrightarrow{OA}|=2\sqrt{2}$，$|\overrightarrow{OB}|=3$，$\angle AOB=45°$ を満たすとき，$\left|\dfrac{\overrightarrow{OA}+2\overrightarrow{OB}}{3}\right|$ の値を求めなさい。

□(3) ベクトル $\vec{a}$，$\vec{b}$ が $|\vec{a}+\vec{b}|=6$，$|\vec{a}-\vec{b}|=2$，$|\vec{b}|=3$ を満たすとき，$\vec{a}\cdot\vec{b}$ および $|\vec{a}|$ の値を求めなさい。

□(4) ベクトル $\vec{a}$，$\vec{b}$ が $|\vec{a}|=\sqrt{65}$，$|\vec{b}|=\sqrt{13}$，$\vec{a}\cdot\vec{b}=-26$ を満たすとき，$|\vec{a}+t\vec{b}|$ の最小値を求めなさい。ただし，t は実数とする。

JumpUp!

□(5) $\triangle ABC$ は，点 O を中心とする半径 1 の円に内接し，$5\overrightarrow{OA}+3\overrightarrow{OB}+4\overrightarrow{OC}=\vec{0}$ を満たしている。このとき，内積 $\overrightarrow{OA}\cdot\overrightarrow{OB}$ の値を求めなさい。

編集協力：有限会社　四月社，花園安紀
紙面デザイン：内津　剛（有限会社　及川真咲デザイン事務所）
図版：蔦澤　治，株式会社　プレイン

基礎からの
ジャンプアップノート

数学 ［I＋A＋II＋B＋ベクトル］

計算
演習ドリル

改訂版

解答編

旺文社

1　式の展開

1 (1)　$(2a+1)(3a-2)$　← 1つずつ掛け合わせる

$=2a\cdot3a+2a\cdot(-2)+1\cdot3a+1\cdot(-2)$　← 符号に注意

$=2a\cdot3a-2a\cdot2+1\cdot3a-1\cdot2$　← 慣れてきたら省略

$=6a^2-4a+3a-2$

$=\underline{6a^2-a-2}$ 答

(2)　$(2x-3)(2x-5)$　← 1つずつ掛け合わせる

$=2x\cdot2x+2x\cdot(-5)+(-3)\cdot2x+(-3)\cdot(-5)$　← 符号に注意

$=2x\cdot2x-2x\cdot5-3\cdot2x+3\cdot5$　← 慣れてきたら省略

$=4x^2-10x-6x+15$

$=\underline{4x^2-16x+15}$ 答

POINT 展開公式の活用

(2)の別解
$2x=X$ とおくと
$(X-3)(X-5)$
$=X^2-8X+15$
$=(2x)^2-8\cdot2x+15$
$=4x^2-16x+15$

2 (1)　$(x+3)(x-3)$ は，$(x+a)(x+b)$ の展開で $a=3$，$b=-3$ の場合である。

$(x+a)(x+b)=x^2+(a+b)x+ab$ を利用すると

$(x+3)(x-3)=x^2+\{3+(-3)\}x+3\cdot(-3)$

$=\underline{x^2-9}$ 答

あるいは，$(x+a)(x-a)=x^2-a^2$ の公式で $a=3$ の場合であることから，$(x+3)(x-3)=x^2-3^2$ のように計算してもよい。

(2)　$(x-12)^2$ は，$(x+a)^2=x^2+2ax+a^2$ の公式で $a=-12$ の場合であることから

$(x-12)^2=x^2+2\cdot(-12)x+(-12)^2$

$=\underline{x^2-24x+144}$ 答

(3)　$(x+y+3)(x-y-3)$ は，$(x+a)(x+b)$ の展開で $a=y+3$，$b=-y-3$ の場合である。

$(x+a)(x+b)=x^2+(a+b)x+ab$ を利用すると

$(x+y+3)(x-y-3)$

$=x^2+\{y+3+(-y-3)\}x+(y+3)\cdot(-y-3)$

$=x^2-(y+3)^2$

$=x^2-(y^2+6y+9)$

$=\underline{x^2-y^2-6y-9}$ 答

POINT 置き換えの工夫

(3)の別解
$y+3=A$ とおくと，$(x+A)(x-A)$ の展開になる。
また，公式を用いずに，
$(x+y+3)(x-y-3)$
$=x\cdot x-x\cdot y-x\cdot3+y\cdot x-y\cdot y$
$-y\cdot3+3\cdot x-3\cdot y-3\cdot3$
$=x^2-y^2-6y-9$
のように展開してもよい。

2 因数分解

1 (1) $8x^2-6x-9$ ← $ac=8,\ bd=-9,\ ad+bc=-6$ とみて，たすき掛け

$$
\begin{array}{rrr}
2 & -3 & \rightarrow -12 \\
4 & 3 & \rightarrow\ \ 6 \\
\hline
8 & -9 & -6
\end{array}
$$

よって，$8x^2-6x-9=\underline{(2x-3)(4x+3)}$ 答

(2) $2x^2+(5y-8)x+3y^2-11y+6$ ← x について整理されている式

x についての 2 次式とみたときの定数項 $3y^2-11y+6$ を因数分解すると

$$
3y^2-11y+6=(y-3)(3y-2)
$$

$$
\begin{array}{rrr}
1 & -3 & \rightarrow\ -9 \\
3 & -2 & \rightarrow\ -2 \\
\hline
3 & 6 & -11
\end{array}
$$

$$
2x^2+(5y-8)x+3y^2-11y+6
$$

$$
=2x^2+(5y-8)x+(y-3)(3y-2) \quad ← ac=2,\ bd=(y-3)(3y-2),\ ad+bc=5y-8\ とみて，たすき掛け
$$

$$
\begin{array}{rll}
1 & (y-3) & \rightarrow 2(y-3) \\
2 & (3y-2) & \rightarrow\ 3y-2 \\
\hline
2 & (y-3)(3y-2) & 5y-8
\end{array}
$$

よって，

$$
2x^2+(5y-8)x+3y^2-11y+6
$$

$$
=\{x+(y-3)\}\{2x+(3y-2)\}
$$

$$
=\underline{(x+y-3)(2x+3y-2)}\ 答
$$

> **POINT** x と y の 2 次式の因数分解
>
> x について整理して，px^2+qx+r の形にすれば，たすき掛けを利用できる。

▶ $2x^2+3y^2+5xy-8x-11y+6$ の因数分解を扱っていることになる。

2 (1) z を含んでいるかどうかで項を 2 つのグループに分けると

$$
x^2y+y^2z-y^3-x^2z
$$

$$
=x^2y-y^3+y^2z-x^2z \quad ← z を含まない 2 つと z を含む 2 つに分けた
$$

$$
=y(x^2-y^2)+z(y^2-x^2) \quad ← 慣れてきたら省略
$$

$$
=y(x^2-y^2)-z(x^2-y^2) \quad ← x^2-y^2 が共通因数
$$

$$
=(x^2-y^2)(y-z) \quad ← 因数分解できる部分が残っている
$$

$$
=\underline{(x+y)(x-y)(y-z)}\ 答
$$

▶ x^2 を含んでいるかどうかに注目してもよい。

$x^2(y-z)-y^2(y-z)$ の形となり，$y-z$ が共通因数とわかる。

(2)　$4x^2-y^2+z^2-4xz$

　　$=4x^2-4xz+z^2-y^2$　←y を含まない 3 つと y を含む 1 つに分けた

　　$=(4x^2-4xz+z^2)-y^2$

　　$=(2x-z)^2-y^2$　←A^2-y^2 の形

　　$=\{(2x-z)+y\}\{(2x-z)-y\}$　←$(A+y)(A-y)$

　　$=(2x+y-z)(2x-y-z)$ 答

　〔参考〕　x について整理すると，$4x^2-4zx-y^2+z^2$

　　x についての 2 次式とみたときの定数項 z^2-y^2 を因数分

　解すると $(z+y)(z-y)$　←$ac=4$, $bd=(z+y)(z-y)$, $ad+bc=-4z$ とみて，たすき掛け

$$\begin{array}{ccc} 2 & -(z+y) & \to -2(z+y) \\ 2 & -(z-y) & \to -2(z-y) \\ \hline 4 & (z+y)(z-y) & -4z \end{array}$$

　　　　$4x^2-4zx-y^2+z^2$

　　$=\{2x-(z+y)\}\{2x-(z-y)\}$

　　$=(2x-y-z)(2x+y-z)$

　　あるいは，z について整理すると，$z^2-4xz+4x^2-y^2$ とな

　り，このときの定数項は $(2x+y)(2x-y)$

$$\begin{array}{ccc} 1 & -(2x+y) & \to -(2x+y) \\ 1 & -(2x-y) & \to -(2x-y) \\ \hline 1 & (2x+y)(2x-y) & -4x \end{array}$$

　　　　$z^2-4xz+4x^2-y^2$

　　$=\{z-(2x+y)\}\{z-(2x-y)\}$

　　$=(z-2x-y)(z-2x+y)$

(3)　$a^3b-3a^2-4ab+12$

　　$=a^3b-4ab-3a^2+12$　←b を含む 2 つと b を含まない 2 つに分けた

　　$=b(a^3-4a)-3(a^2-4)$　←慣れてきたら省略

　　$=ab(a^2-4)-3(a^2-4)$　←a^2-4 が共通因数

　　$=(ab-3)(a^2-4)$　←因数分解できる部分が残っている

　　$=(ab-3)(a+2)(a-2)$ 答

▶　　$(z^2-4xz+4x^2)-y^2$

　　$=(z-2x)^2-y^2$

　　$=(z-2x+y)(z-2x-y)$

　のようにしてもよい。

　　答えが異なっているように見え

　るが，整理すると同じになる。

POINT　因数分解のコツ

　ある文字に注目して計算が複雑

になりそうなときは，他の文字に

も注目して調べてみるとよい。

3 無理数

1 (1) $x=\dfrac{3}{\sqrt{5}-\sqrt{2}}\cdot\dfrac{\sqrt{5}+\sqrt{2}}{\sqrt{5}+\sqrt{2}}$ ← 分母の有理化

$\qquad =\sqrt{5}+\sqrt{2}$

$\qquad y=\dfrac{3}{\sqrt{5}+\sqrt{2}}\cdot\dfrac{\sqrt{5}-\sqrt{2}}{\sqrt{5}-\sqrt{2}}$ ← 分母の有理化

$\qquad =\sqrt{5}-\sqrt{2}$

よって，$x+y=(\sqrt{5}+\sqrt{2})+(\sqrt{5}-\sqrt{2})$

$\qquad\qquad\qquad =\underline{2\sqrt{5}}$ 答

(2) $xy=(\sqrt{5}+\sqrt{2})(\sqrt{5}-\sqrt{2})$

$\qquad =3$

よって，$x^2+y^2=(x+y)^2-2xy$ ← $x+y$ と xy を用いて表す

$\qquad\qquad =(2\sqrt{5})^2-2\cdot3$

$\qquad\qquad =\underline{14}$ 答

(3) $\dfrac{y}{x}+\dfrac{x}{y}=\dfrac{y^2+x^2}{xy}$ ← (2)の結果を利用

$\qquad =\underline{\dfrac{14}{3}}$ 答

2 (1) $\dfrac{12}{\sqrt{5}-1}=\dfrac{12}{\sqrt{5}-1}\cdot\dfrac{\sqrt{5}+1}{\sqrt{5}+1}$ ← 分母の有理化

$\qquad =\dfrac{12(\sqrt{5}+1)}{4}=3\sqrt{5}+3$

$3\sqrt{5}=\sqrt{45}$ であり，$6<\sqrt{45}<7$ ← $\sqrt{36}<\sqrt{45}<\sqrt{49}$

$\qquad 6+3<\sqrt{45}+3<7+3$

$\qquad 9<3\sqrt{5}+3<10$

整数部分について $a=9$

小数部分について $b=(3\sqrt{5}+3)-9$

$\qquad\qquad =\underline{3\sqrt{5}-6}$ 答

(2) $a^2-b^2-12a-12b$

$=(a+b)(a-b)-12(a+b)$

$=(a+b)(a-b-12)$

$=\{9+(3\sqrt{5}-6)\}\{9-(3\sqrt{5}-6)-12\}$

$=(3+3\sqrt{5})(3-3\sqrt{5})$ ← $(A+B)(A-B)=A^2-B^2$ の展開

$=9-45$

$=\underline{-36}$ 答

POINT 分母の有理化

$\dfrac{C}{\sqrt{A}-\sqrt{B}}=\dfrac{C}{\sqrt{A}-\sqrt{B}}\cdot\dfrac{\sqrt{A}+\sqrt{B}}{\sqrt{A}+\sqrt{B}}$

$\qquad =\dfrac{C(\sqrt{A}+\sqrt{B})}{A-B}$

$\dfrac{C}{\sqrt{A}+\sqrt{B}}=\dfrac{C}{\sqrt{A}+\sqrt{B}}\cdot\dfrac{\sqrt{A}-\sqrt{B}}{\sqrt{A}-\sqrt{B}}$

$\qquad =\dfrac{C(\sqrt{A}-\sqrt{B})}{A-B}$

POINT 計算の工夫

複雑そうな計算のときは，すぐに計算しようとしないで，式に特徴がないか探してみるとよい。（対称性，置き換え，因数分解など）

4 絶対値記号を含む方程式，不等式

1 (1) $|3x-3|=x+1$

(ⅰ) $3x-3\geqq0$ より $x\geqq1$ ……① のとき

$3x-3=x+1$ を解いて $x=2$　これは①を満たす。

(ⅱ) $3x-3<0$ より $x<1$ ……② のとき

$-(3x-3)=x+1$ を解いて $x=\dfrac{1}{2}$　これは②を満たす。

以上により $\underline{x=\dfrac{1}{2},\ 2}$ 答

(2) $|x-1|+|x-2|=x+2$

(ⅰ) $x-1\geqq0$ かつ $x-2\geqq0$ より $x\geqq2$ ……① のとき

$(x-1)+(x-2)=x+2$ を解いて $x=5$

これは①を満たす。

(ⅱ) $x-1\geqq0$ かつ $x-2<0$ より $1\leqq x<2$ ……② のとき

$(x-1)-(x-2)=x+2$ を解いて $x=-1$

これは②を満たさないので解ではない。

(ⅲ) $x-1<0$ かつ $x-2\geqq0$ を満たす x は存在しない。 ← 慣れてきたら省略

(ⅳ) $x-1<0$ かつ $x-2<0$ より $x<1$ ……③ のとき

$-(x-1)-(x-2)=x+2$ を解いて $x=\dfrac{1}{3}$

これは③を満たす。

以上により $\underline{x=\dfrac{1}{3},\ 5}$ 答

> **POINT** $|P|$と$|Q|$を含む計算
>
> (ⅰ) $P\geqq0$ かつ $Q\geqq0$
> (ⅱ) $P\geqq0$ かつ $Q<0$
> (ⅲ) $P<0$ かつ $Q\geqq0$
> (ⅳ) $P<0$ かつ $Q<0$
>
> の4つの場合に分けて扱う。

2 (1) $|3x-3|>x+1$

(ⅰ) $3x-3\geqq0$ より $x\geqq1$ ……① のとき

$3x-3>x+1$ を解いて $x>2$ ……②

①，②の共通範囲を求めると $x>2$ ……③

(ⅱ) $3x-3<0$ より $x<1$ ……④ のとき

$-(3x-3)>x+1$ を解いて $x<\dfrac{1}{2}$ ……⑤

④，⑤の共通範囲を求めると $x<\dfrac{1}{2}$ ……⑥

③または⑥の範囲が解となるので $\underline{x<\dfrac{1}{2},\ 2<x}$ 答

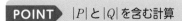

(2) $|x+3|-2x>0$

(ⅰ) $x+3\geqq0$ より $x\geqq-3$ ……① のとき

$(x+3)-2x>0$ を解いて $x<3$ ……②

①，②の共通範囲を求めると $-3\leqq x<3$ ……③

(ⅱ) $x+3<0$ より $x<-3$ ……④ のとき

$-(x+3)-2x>0$ を解いて $x<-1$ ……⑤

④，⑤の共通範囲を求めると $x<-3$ ……⑥

③または⑥の範囲が解となるので $\underline{x<3}$ 答

5　2次関数

1 (1)　求める放物線の方程式は $y=a(x+5)^2-2$ とおける。

グラフが点 $(1,\ 16)$ を通るので，$16=a\cdot(1+5)^2-2$

$36a=18$ より $a=\dfrac{1}{2}$

$y=\dfrac{1}{2}(x+5)^2-2$ より $\underline{y=\dfrac{1}{2}x^2+5x+\dfrac{21}{2}}$ 答

(2)　求める放物線の方程式は $y=a(x+1)(x+5)$ とおける。

グラフが点 $(0,\ -15)$ を通るので

$-15=a\cdot1\cdot5$ より $a=-3$

$y=-3(x+1)(x+5)$ より $\underline{y=-3x^2-18x-15}$ 答

(3)　$y=-3x^2+12x+4$

$\qquad =-3(x^2-4x)+4$ ← x^2 の係数でくくる

$\qquad =-3\{(x-2)^2-4\}+4$ ← 平方完成

$\qquad =-3(x-2)^2+16$

グラフの頂点の座標は $(2,\ 16)$ となり，求める放物線の

方程式は $y=a(x-2)^2+16$ とおける。このグラフが原点

$(0,\ 0)$ を通るので

$0=a\cdot(-2)^2+16$ より $a=-4$

$y=-4(x-2)^2+16$ より $\underline{y=-4x^2+16x}$ 答

2 (1)　$y=-2x^2+16x-22$

$\qquad\qquad =-2(x-4)^2+10$ ← グラフは上に凸の放物線

2次関数のグラフの頂点の座標は $(4,\ 10)$ ← 「頂点」は $x\leqq3$ の範囲にない

$x\leqq3$ において最大となるのは $x=3$ のときで ← 「端点」で最大

$\qquad$ 最大値は $\quad -2\cdot3^2+16\cdot3\quad 22-8$ 答

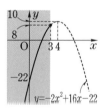

(2)　$y=-2x^2+4kx-k^2-2k+2$

$\qquad\qquad =-2(x-k)^2+k^2-2k+2$ ← グラフは上に凸の放物線

2次関数のグラフの頂点の座標は $(k,\ k^2-2k+2)$

$x=k$ が $x\leqq3$ の範囲にあるかどうかで場合分けをする。

(i)　$k\leqq3$ のとき

$\qquad x\leqq3$ において最大となるのは $x=k$ のときで ← 「頂点」で最大

$\qquad\qquad$ 最大値は $\quad k^2-2k+2$

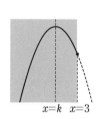

(ii)　$k>3$ のとき

$\qquad x\leqq3$ において最大となるのは $x=3$ のときで ← 「端点」で最大

$\qquad\qquad$ 最大値は $\quad -2\cdot3^2+4k\cdot3-k^2-2k+2$

$\qquad\qquad\qquad\quad =-k^2+10k-16$

よって，最大値は $\underline{k\leqq3$ のとき k^2-2k+2}

$\qquad\qquad\qquad\underline{k>3$ のとき $-k^2+10k-16}$ 答

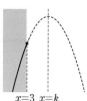

POINT 放物線と頂点

放物線の頂点の座標が $(p,\ q)$ のとき

$$y=a(x-p)^2+q$$

POINT 放物線と x 軸との共有点

放物線と x 軸との共有点が $(\alpha,\ 0),\ (\beta,\ 0)$ のとき

$$y=a(x-\alpha)(x-\beta)$$

6　2次方程式

1 (1)　$5x^2+7x-3=0$

$5x^2+7x-3$ は因数分解できないので，解の公式を用いる。

x の係数が 7（奇数）であることから，$b=2b'$ のときの公式は利用できない。

$$x=\frac{-7\pm\sqrt{7^2-4\cdot5\cdot(-3)}}{2\cdot5}\quad\leftarrow a=5,\ b=7,\ c=-3$$

$$=\frac{-7\pm\sqrt{109}}{10}\ \boxed{答}$$

2次方程式の解の公式

$ax^2+bx+c=0\ (a\neq0)$ の解は
$$x=\frac{-b\pm\sqrt{b^2-4ac}}{2a}$$

(2)　$3x^2-8x-35=0$　⤷問題編 **2** ①　← たすき掛けで因数分解できる

$$(x-5)(3x+7)=0$$

$$x=5,\ -\frac{7}{3}\ \boxed{答}$$

$$
\begin{array}{ccccc}
1 & & -5 & \to & -15 \\
3 & \times & 7 & \to & 7 \\
\hline
3 & & -35 & & -8
\end{array}
$$

〔参考〕　解の公式を用いると，x の係数が $-8=2\cdot(-4)$ であることから

$$x=\frac{-(-4)\pm\sqrt{(-4)^2-3\cdot(-35)}}{3}\quad\leftarrow a=3,\ b'=-4,\ c=-35$$

$$=\frac{4\pm\sqrt{121}}{3}=\frac{4\pm11}{3}$$

となり，$x=\dfrac{4+11}{3}=5,\ x=\dfrac{4-11}{3}=-\dfrac{7}{3}$ が解となる。

2 (1)　2次方程式 $2x^2+3x+c=0$ が実数解を 2 個または 1 個もつときなので，$D\geqq0$ より

$$3^2-4\cdot2\cdot c\geqq0$$

$$-8c\geqq-9\ \text{より}\ c\leqq\frac{9}{8}\ \boxed{答}$$

2次方程式の
判別式と実数解

2次方程式 $ax^2+bx+c=0$ が実数解をもつとき，$D=b^2-4ac$ は $D\geqq0$ を満たす。

(2)　2次方程式 $3x^2-5x+k=0$ が実数解をもたないときなので，$D<0$ より

$$(-5)^2-4\cdot3\cdot k<0$$

$$-12k<-25\ \text{より}\ k>\frac{25}{12}\ \boxed{答}$$

放物線と x 軸との共有点の個数

2次関数 $y=ax^2+bx+c$ のグラフと x 軸との共有点の x 座標は，2次方程式 $ax^2+bx+c=0$ の実数解なので，共有点の個数と実数解の個数が同じになる。

(3)　2次方程式 $x^2+(m+1)x+m^2+m-1=0$ が実数解を 1 個もつときなので，$D=0$ より

$$(m+1)^2-4\cdot1\cdot(m^2+m-1)=0$$

$$-3m^2-2m+5=0$$

$$3m^2+2m-5=0\quad\leftarrow 2\text{次の項の係数を正にして解く}$$

$$(m-1)(3m+5)=0$$

$$m=-\frac{5}{3},\ 1\ \boxed{答}$$

7　2次不等式

1 (1) $x^2-25>0$

$(x+5)(x-5)>0$

$y=(x+5)(x-5)$ のグラフの $y>0$ となる x の値の範囲を求めると ← 慣れてきたら省略

$\underline{x<-5,\ 5<x}$ 答

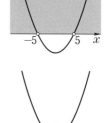

(2) $x^2-12x+36\leqq0$

$(x-6)^2\leqq0$

$y=(x-6)^2$ のグラフの $y\leqq0$ となる x の値の範囲を求めると ← 慣れてきたら省略

$\underline{x=6}$ 答

(3) $x^2+10x+30<0$

$y=x^2+10x+30$ のグラフは，

$y=(x+5)^2+5$ より，頂点 $(-5,\ 5)$ の放物線である。

すべての x について $y>0$ となるので，

$x^2+10x+30<0$ の解はない 答。

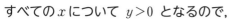

POINT 2次不等式の解

$(x-p)^2+q<0$ の形の2次不等式で，$q>0$ であれば，解はない。

2 (1) $y=x^2-2ax+a+6$ のグラフが x 軸と共有点をもたないので，2次方程式 $x^2-2ax+a+6=0$ の判別式について $D<0$ より

$(-2a)^2-4\cdot1\cdot(a+6)<0$

$4a^2-4a-24<0$

$a^2-a-6<0$

$(a+2)(a-3)<0$

$\underline{-2<a<3}$ 答

(2) $y=x^2+4mx+2-4m^2$ のグラフが x 軸と共有点をもてば，$x^2+4mx+2-4m^2\leqq0$ を満たす実数 x が存在する。

2次方程式 $x^2+4mx+2-4m^2=0$ の判別式について $D\geqq0$ より

$(4m)^2-4\cdot1\cdot(2-4m^2)\geqq0$

$32m^2-8\geqq0$

$m^2-\dfrac{1}{4}\geqq0$

$\left(m+\dfrac{1}{2}\right)\left(m-\dfrac{1}{2}\right)\geqq0$

$\underline{m\leqq-\dfrac{1}{2},\ \dfrac{1}{2}\leqq m}$ 答

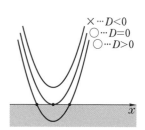

× … $D<0$
○ … $D=0$
○ … $D>0$

8　三角比の相互関係

1 (1)　$\cos\theta<0$ なので，$90°<\theta\leqq180°$ ←はじめに調べておく

$\sin^2\theta+\cos^2\theta=1$ より $\sin^2\theta+\left(-\dfrac{4}{5}\right)^2=1$ ←**POINT** (1)にあてはめる

$$\sin^2\theta=\dfrac{9}{25}$$

$90°<\theta\leqq180°$ のとき，$\sin\theta\geqq0$ であるから

$$\underline{\sin\theta=\dfrac{3}{5}}\text{答}$$

これより $\tan\theta=\dfrac{\sin\theta}{\cos\theta}=\dfrac{\dfrac{3}{5}}{-\dfrac{4}{5}}=\underline{-\dfrac{3}{4}}\text{答}$ ←**POINT** (2)にあてはめる

> **POINT** 三角比の符号
>
> 　三角比の値を求めるときは，はじめに角の範囲と三角比の符号を把握しておく。

> **POINT** 三角比の相互関係
>
> (1)　$\sin^2\theta+\cos^2\theta=1$
>
> (2)　$\tan\theta=\dfrac{\sin\theta}{\cos\theta}$
>
> (3)　$1+\tan^2\theta=\dfrac{1}{\cos^2\theta}$

(2)　$\tan\theta<0$ なので，$90°<\theta<180°$ ←はじめに調べておく

$1+\tan^2\theta=\dfrac{1}{\cos^2\theta}$ より $1+(-\sqrt{2}\,)^2=\dfrac{1}{\cos^2\theta}$ ←**POINT** (3)にあてはめる

$$\cos^2\theta=\dfrac{1}{3}$$

$90°<\theta<180°$ のとき，$\cos\theta<0$ であるから

$$\underline{\cos\theta=-\dfrac{\sqrt{3}}{3}}\text{答}$$

これより $\sin\theta=\tan\theta\cdot\cos\theta=(-\sqrt{2}\,)\cdot\left(-\dfrac{\sqrt{3}}{3}\right)=\underline{\dfrac{\sqrt{6}}{3}}\text{答}$ ←**POINT** (2)を変形した式にあてはめる

(3)　$0<\sin\theta<1$ なので，$0°<\theta<90°$ または $90°<\theta<180°$ ←はじめに調べておく

$\sin^2\theta+\cos^2\theta=1$ より $\left(\dfrac{1}{5}\right)^2+\cos^2\theta=1$ ←**POINT** (1)にあてはめる

$$\cos^2\theta=\dfrac{24}{25}$$

(i)　$0°<\theta<90°$ のとき，$\cos\theta>0$ であるから

$$\cos\theta=\dfrac{2\sqrt{6}}{5}$$

これより $\tan\theta=\dfrac{\sin\theta}{\cos\theta}=\dfrac{\dfrac{1}{5}}{\dfrac{2\sqrt{6}}{5}}=\dfrac{\sqrt{6}}{12}$ ←**POINT** (2)にあてはめる

(ii)　$90°<\theta<180°$ のとき，$\cos\theta<0$ であるから

$$\cos\theta=-\dfrac{2\sqrt{6}}{5}$$

これより $\tan\theta=\dfrac{\sin\theta}{\cos\theta}=\dfrac{\dfrac{1}{5}}{-\dfrac{2\sqrt{6}}{5}}=-\dfrac{\sqrt{6}}{12}$ ←**POINT** (2)にあてはめる

(i)，(ii)より，$\underline{0°<\theta<90°\text{ のとき } \cos\theta=\dfrac{2\sqrt{6}}{5},\ \tan\theta=\dfrac{\sqrt{6}}{12}}$

$$90° < \theta < 180° \text{ のとき } \cos\theta = -\frac{2\sqrt{6}}{5}, \ \tan\theta = -\frac{\sqrt{6}}{12} \boxed{答}$$

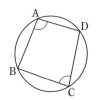

2 (1) ∠BAD＋∠BCD＝180° であるので

$$\cos\angle BCD = \cos(180° - \angle BAD) = -\cos\angle BAD = \frac{1}{8}$$

$\sin^2\angle BCD + \cos^2\angle BCD = 1$ より

$$\sin^2\angle BCD + \left(\frac{1}{8}\right)^2 = 1$$

$$\sin^2\angle BCD = \frac{63}{64}$$

$\sin\angle BCD > 0$ であるから $\underline{\sin\angle BCD = \frac{3\sqrt{7}}{8}}$ $\boxed{答}$

(2) $90° < \theta < 180°$ なので，$\cos\theta < 0$，$\tan\theta < 0$ である。 ← はじめに調べておく

$\sin\theta = \frac{12}{13}$ のとき，$\sin^2\theta + \cos^2\theta = 1$ より

$$\left(\frac{12}{13}\right)^2 + \cos^2\theta = 1$$

$$\cos^2\theta = \frac{25}{169}$$

$\cos\theta < 0$ であるから $\cos\theta = -\frac{5}{13}$

これより $\tan\theta = \dfrac{\sin\theta}{\cos\theta} = \dfrac{\dfrac{12}{13}}{-\dfrac{5}{13}} = -\dfrac{12}{5}$

よって，$\tan(180° - \theta) = -\tan\theta = \underline{\dfrac{12}{5}}$ $\boxed{答}$

> **POINT** 180°−θ の角の三角比
>
> (1) $\sin(180° - \theta) = \sin\theta$
> (2) $\cos(180° - \theta) = -\cos\theta$
> (3) $\tan(180° - \theta) = -\tan\theta$

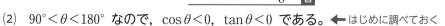

9　図形と三角比

1 (1)　余弦定理より

$$b^2 = c^2 + a^2 - 2ca\cos B = 7^2 + 6^2 - 2 \cdot 7 \cdot 6 \cdot \frac{1}{3} = 57$$

$b > 0$ より　$\underline{b = \sqrt{57}}$ 答

POINT　余弦定理
（△ABC の場合）

(1)　$a^2 = b^2 + c^2 - 2bc\cos A$

(2)　$b^2 = c^2 + a^2 - 2ca\cos B$

(3)　$c^2 = a^2 + b^2 - 2ab\cos C$

(2)　$A + B + C = 180°$ より　$A = 180° - (30° + 105°) = 45°$

正弦定理より　$\dfrac{6}{\sin 45°} = \dfrac{\mathrm{AC}}{\sin 30°}$

$\mathrm{AC}\sin 45° = 6\sin 30°$ となり　$\mathrm{AC} \cdot \dfrac{\sqrt{2}}{2} = 6 \cdot \dfrac{1}{2}$

$\mathrm{AC} = \dfrac{6}{\sqrt{2}} = \underline{3\sqrt{2}}$ 答

POINT　正弦定理
（△ABC の場合）

$$\frac{a}{\sin A} = \frac{b}{\sin B} = \frac{c}{\sin C}$$

(3)　正弦定理より　$\dfrac{\sqrt{6}}{\sin 120°} = \dfrac{2}{\sin B}$

$\sqrt{6}\sin B = 2\sin 120°$ となり　$\sin B = 2 \cdot \dfrac{\sqrt{3}}{2} \cdot \dfrac{1}{\sqrt{6}} = \dfrac{\sqrt{2}}{2}$

これを満たす B は　$B = 45°$ または　$B = 135°$ であるが，

$A = 120°$ より　$0° < B < 60°$ であるので，$\underline{B = 45°}$ 答

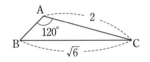

2 (1)　余弦定理より　$\cos A = \dfrac{b^2 + c^2 - a^2}{2bc} = \dfrac{5^2 + 6^2 - 7^2}{2 \cdot 5 \cdot 6} = \dfrac{12}{2 \cdot 5 \cdot 6} = \dfrac{1}{5}$　← $\sin A$ を求めるために $\cos A$ を先に求める

$\sin^2 A + \cos^2 A = 1$ より　$\sin^2 A = 1 - \cos^2 A = 1 - \left(\dfrac{1}{5}\right)^2 = \dfrac{24}{25}$

$\sin A > 0$ より　$\sin A = \dfrac{2\sqrt{6}}{5}$

正弦定理より　$R = \dfrac{a}{2\sin A} = \dfrac{7}{2} \cdot \dfrac{5}{2\sqrt{6}} = \underline{\dfrac{35\sqrt{6}}{24}}$ 答

△ABC の面積 S は　$S = \dfrac{1}{2} \cdot 5 \cdot 6 \cdot \dfrac{2\sqrt{6}}{5} = 6\sqrt{6}$

$S = \dfrac{r(a+b+c)}{2}$ より　$r = \dfrac{2S}{a+b+c} = \dfrac{2 \cdot 6\sqrt{6}}{7+5+6} = \underline{\dfrac{2\sqrt{6}}{3}}$ 答

POINT　三角形の外接円

△ABC の外接円の半径 R は
正弦定理 $\dfrac{a}{\sin A} = 2R$ より

$$R = \frac{a}{2\sin A}$$

(2)　正弦定理より　$R = \dfrac{a}{2\sin 120°} = \dfrac{7}{2} \cdot \dfrac{2}{\sqrt{3}} = \underline{\dfrac{7\sqrt{3}}{3}}$ 答

余弦定理より　$a^2 = b^2 + c^2 - 2bc\cos 120°$

$\qquad 7^2 = 3^2 + c^2 - 2 \cdot 3 \cdot c \cdot \left(-\dfrac{1}{2}\right)$

$\qquad c^2 + 3c - 40 = 0$

$\qquad (c+8)(c-5) = 0$　　$c > 0$ より　$c = 5$

POINT　三角形の内接円

△ABC の内接円の半径 r は
$S = \dfrac{r(a+b+c)}{2}$ より

$$r = \frac{2S}{a+b+c}$$

△ABC の面積 S は　$S = \dfrac{1}{2} \cdot 3 \cdot 5 \cdot \dfrac{\sqrt{3}}{2} = \dfrac{15\sqrt{3}}{4}$　← $S = \dfrac{abc}{4R} = \dfrac{7 \cdot 3 \cdot 5}{4} \cdot \dfrac{3}{7\sqrt{3}} = \dfrac{15\sqrt{3}}{4}$ としてもよい

$S = \dfrac{r(a+b+c)}{2}$ より　$r = \dfrac{2S}{a+b+c} = \dfrac{2}{7+3+5} \cdot \dfrac{15\sqrt{3}}{4} = \underline{\dfrac{\sqrt{3}}{2}}$ 答

10 四分位数と外れ値

1 (1) データを小さい順に並び替えると

16, 20, 23, 25, 26, 28, 28, 29, 30, 35, 37

データは 11 個（奇数）なので，中央値は

$Q_2 = 28$（メートル）**答**

第 1 四分位数はデータの前半部分の 16, 20, 23, 25, 26 の中央値で $Q_1 = 23$（メートル）**答**

第 3 四分位数は後半部分の 28, 29, 30, 35, 37 の中央値で $Q_3 = 30$（メートル）**答**

〔参考〕 このデータの箱ひげ図は次のようになる。

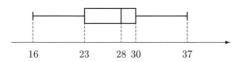

(2) 平均値は $\dfrac{2+8+1+9+4+a}{6} = \dfrac{a+24}{6}$

a 以外のデータを小さい順に並び替えると，1, 2, 4, 8, 9

データの大きさが 6 なので，中央値は 3 番目と 4 番目の平均値となる。 ← はじめにデータを小さい順に並べる

(i) $a \leqq 2$ のとき，$\dfrac{2+4}{2} = \dfrac{a+24}{6}$ より

$a = -6$ （$a \leqq 2$ に適する）

(ii) $2 < a < 8$ のとき，$\dfrac{4+a}{2} = \dfrac{a+24}{6}$ より

$a = 6$ （$2 < a < 8$ に適する）

(iii) $a \geqq 8$ のとき，$\dfrac{4+8}{2} = \dfrac{a+24}{6}$ より

$a = 12$ （$a \geqq 8$ に適する）

以上により，$a = -6,\ 6,\ 12$ **答**

2 (1) データは小さい順に並んでおり

71, 72, 73, 74, 75, 76, 77, 79, 80, 93, 108, 125, 144, 165

中央値は $Q_2 = \dfrac{77+79}{2} = 78$，第 1 四分位数は $Q_1 = 74$，第 3 四分位数は $Q_3 = 108$ である。

四分位範囲は $Q_3 - Q_1 = 108 - 74 = 34$

外れ値かどうかを判定するのに用いる値は

$Q_1 - 1.5 \times (Q_3 - Q_1) = 74 - 1.5 \times 34 = 23$

$Q_3 + 1.5 \times (Q_3 - Q_1) = 108 + 1.5 \times 34 = 159$

よって，165 **答** は外れ値である。

POINT　四分位数

(1) 中央値（第 2 四分位数 Q_2）…データを小さい順に並べたとき，順番が中央になる値。データの個数が偶数のときは，中央の 2 つの値の平均値となる。

(2) 第 1 四分位数 Q_1，第 3 四分位数 Q_3…Q_2 を境としてデータを前半部分・後半部分に分けたとき，

前半の中央値が第 1 四分位数 Q_1，後半の中央値が第 3 四分位数 Q_3

POINT　四分位範囲と外れ値

(1) 四分位範囲
＝（第 3 四分位数）−（第 1 四分位数）
＝ $Q_3 - Q_1$

(2) 外れ値
四分位範囲を用いて判定する。
・$\{Q_1 - 1.5 \times (Q_3 - Q_1)\}$ 以下の値
・$\{Q_3 + 1.5 \times (Q_3 - Q_1)\}$ 以上の値

〔参考〕　外れ値がある場合，次のように箱ひげ図を作成する。

・四分位数は，外れ値を含めて求める。

・外れ値かどうかを判定する基準となる値を点線で示す。

・外れ値は『○』で表す（『＊』で表すこともある）。

　　このデータの箱ひげ図は次のようになる。

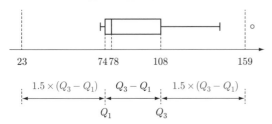

(2)　データを小さい順に並び替えると

　　　38，47，73，75，76，77，79，80，83，90，98，125，144

　　中央値は　$Q_2=79$，第1四分位数は　$Q_1=\dfrac{73+75}{2}=74$，第3四分位数は　$Q_3=\dfrac{90+98}{2}=94$

である。

　　四分位範囲は　　$Q_3-Q_1=94-74=20$

　　外れ値かどうかを判定するのに用いる値は

　　　　$Q_1-1.5\times(Q_3-Q_1)=74-1.5\times20=44$

　　　　$Q_3+1.5\times(Q_3-Q_1)=94+1.5\times20=124$

　　よって，38，125，144 |答| は外れ値である。　←44以下の値，124以上の値が外れ値

〔参考〕　データの分析では，(最大値)－(最小値) のことを範囲という。範囲を求めることでデータの散らばりの程度を表すことができるが，外れ値の影響を受けやすいことに注意が必要である。四分位範囲は，データの中央にある 50％ のデータの散らばりに注目しているため，外れ値の影響を受けにくい量となっている。

　また，散らばりの度合いを表す量に四分位偏差があり，(四分位偏差)＝(四分位範囲)÷2 で計算して求める。四分位偏差は，散らばりの度合いを中央値からみてどの程度のものかを表そうとする量である。**11** で扱う標準偏差 (散らばりの度合いを平均値からみてどの程度のものかを表そうとする量) とは違った散らばりの度合いの捉え方であり，計算による求め方も異なっている。

11 分散・標準偏差，相関係数

1 (1) 平均値は $\dfrac{3+6+1+2+9+0+3+5+3+8}{10}=4$

分散は

$$\frac{1}{10}\times\{(3-4)^2+(6-4)^2+(1-4)^2+(2-4)^2+(9-4)^2$$

$$+(0-4)^2+(3-4)^2+(5-4)^2+(3-4)^2+(8-4)^2\}\ \leftarrow\text{(偏差)}^2\text{の平均}$$

$$=\frac{1+4+9+4+25+16+1+1+1+16}{10}$$

$$=\frac{78}{10}=\underline{7.8}\ \text{答}$$

> **POINT** 分散(1)
>
> (1) （偏差）＝（データの値）−（平均値）
>
> (2) （分散）＝$\dfrac{\text{（偏差）}^2\text{の合計}}{\text{（データの個数）}}$

(2) 平均値は $\dfrac{(a+2)+(a-3)+(a+4)+(a-1)+(a+3)}{5}=a+1$

偏差はそれぞれ $(a+2)-(a+1)=1,\ (a-3)-(a+1)=-4,$
$(a+4)-(a+1)=3,\ (a-1)-(a+1)=-2,\ (a+3)-(a+1)=2$
となるので，分散は

$$\frac{1^2+(-4)^2+3^2+(-2)^2+2^2}{5}=\frac{34}{5}=\underline{6.8}\ \text{答}\ \leftarrow\text{(偏差)}^2\text{の平均}$$

(3) 平均値は $\dfrac{(-2)+1+2+m}{4}=\dfrac{m+1}{4}$

偏差はそれぞれ $-2-\dfrac{m+1}{4}=\dfrac{-m-9}{4},\ \ 1-\dfrac{m+1}{4}=\dfrac{-m+3}{4},$

$$2-\frac{m+1}{4}=\frac{-m+7}{4},\ \ m-\frac{m+1}{4}=\frac{3m-1}{4}$$

となるので，分散について

$$\frac{1}{4}\times\left\{\left(\frac{-m-9}{4}\right)^2+\left(\frac{-m+3}{4}\right)^2+\left(\frac{-m+7}{4}\right)^2+\left(\frac{3m-1}{4}\right)^2\right\}=\left(\frac{5}{2}\right)^2\ \leftarrow\text{(偏差)}^2\text{の平均}$$

$$\frac{1}{4}\times\frac{1}{16}\times\{(-m-9)^2+(-m+3)^2+(-m+7)^2+(3m-1)^2\}=\frac{25}{4}$$

$$(m^2+18m+81)+(m^2-6m+9)+(m^2-14m+49)+(9m^2-6m+1)=25\times16$$

$$12m^2-8m+140=400\qquad 3m^2-2m-65=0\qquad (m-5)(3m+13)=0$$

m は整数なので，$\underline{m=5}$ 答

〔参考〕 分散については

（分散）＝（値の 2 乗の平均値）−（平均値の 2 乗）

の関係があることを利用することもできる。

値の 2 乗の平均値は

$$\frac{(-2)^2+1^2+2^2+m^2}{4}=\frac{m^2+9}{4}$$

よって $\dfrac{m^2+9}{4}-\left(\dfrac{m+1}{4}\right)^2=\left(\dfrac{5}{2}\right)^2$

$$4(m^2+9)-(m+1)^2=25\times4$$

$$3m^2-2m-65=0$$

> **POINT** 分散(2)
>
> x の平均値を $\overline{x}$，x^2 の平均値を $\overline{x^2}$ とすると
>
> （x の分散）＝$\overline{x^2}-(\overline{x})^2$

2 (1) x の標準偏差は $\sqrt{8}$，y の標準偏差は $\sqrt{2}$ であるので

$$r=\frac{-3.1}{\sqrt{8}\times\sqrt{2}}=-\frac{3.1}{4}=\underline{-0.775}\;\boxed{答}$$

> **POINT** 標準偏差
>
> （標準偏差）＝$\sqrt{分散}$

(2) それぞれの平均値は

$$\overline{x}=\frac{29+28+30+22+23+24+26+27+30+21}{10}=26$$

$$\overline{y}=\frac{26+23+28+16+18+19+21+24+26+19}{10}=22$$

> **POINT** 相関係数 r
>
> $$r=\frac{(x と y の共分散)}{(x の標準偏差)\times(y の標準偏差)}$$
>
> 標準偏差を s_x，s_y，共分散を s_{xy} とすると
>
> $$r=\frac{s_{xy}}{s_x\times s_y}$$

それぞれの標準偏差を s_x，s_y とし，共分散を s_{xy} とすると

$$s_x{}^2=\frac{3^2+2^2+4^2+(-4)^2+(-3)^2+(-2)^2+0^2+1^2+4^2+(-5)^2}{10}=10$$

$$s_y{}^2=\frac{4^2+1^2+6^2+(-6)^2+(-4)^2+(-3)^2+(-1)^2+2^2+4^2+(-3)^2}{10}=14.4$$

$$s_{xy}=\frac{1}{10}\times\{3\cdot4+2\cdot1+4\cdot6+(-4)\cdot(-6)+(-3)\cdot(-4)$$

$$+(-2)\cdot(-3)+0\cdot(-1)+1\cdot2+4\cdot4+(-5)\cdot(-3)\}$$

$$=11.3$$

$$r=\frac{11.3}{\sqrt{10}\times\sqrt{14.4}}=\frac{11.3}{12}=0.941\cdots\fallingdotseq\underline{0.94}\;\boxed{答}$$ ← 偏差平方和，偏差の積の和を用いて $r=\dfrac{113}{\sqrt{100\times144}}$ を計算してもよい

〔参考〕 下の表を利用して，相関係数を計算することもできる。 ✏ なぞろう！

番号	x	y	$x-\overline{x}$	$y-\overline{y}$	$(x-\overline{x})^2$	$(y-\overline{y})^2$	$(x-\overline{x})(y-\overline{y})$
1	29	26	3	4	9	16	12
2	28	23	2	1	4	1	2
3	30	28	4	6	16	36	24
4	22	16	-4	-6	16	36	24
5	23	18	-3	-4	9	16	12
6	24	19	-2	-3	4	9	6
7	26	21	0	-1	0	1	0
8	27	24	1	2	1	4	2
9	30	26	4	4	16	16	16
10	21	19	-5	-3	25	9	15
計	260	220	0	0	100	144	113
平均	26	22			10	14.4	11.3

↑ ↑
偏差の合計が 0 となることを，検算に用いることができる

12 順列 $_nP_r$, 組合せ $_nC_r$

1 (1) $_8P_8 = 8 \cdot 7 \cdot 6 \cdot 5 \cdot 4 \cdot 3 \cdot 2 \cdot 1 = \underline{40320}$ (通り) 答 ← $8! = 40320$

(2) $2^8 = 2 \cdot 2 \cdot 2 \cdot 2 \cdot 2 \cdot 2 \cdot 2 \cdot 2 = \underline{256}$ (個) 答

(3) A の座る席を決めて，右回りに残りの 5 人を席に 1 人ずつ並べていくと考えると

$$_5P_5 = 5 \cdot 4 \cdot 3 \cdot 2 \cdot 1 = \underline{120}$$ (通り) 答

〔参考〕 いくつかのものを円形に並べたものを円順列といい，異なる n 個のものの円順列の総数は $(n-1)!$ となる。この問題のように，特定の A を基準にして並べるためと考えればよい。

あるいは，n 人が 1 列に並ぶ並び方は $n!$ 通りあるが，これらから輪の形をつくると，回転すると一致する並び方が n 通りずつできるため，$\dfrac{n!}{n} = (n-1)!$ になると考えてもよい。

> **POINT** 順列の総数
>
> (1) $_nP_r = \underbrace{n(n-1)(n-2)\cdots(n-r+1)}_{r \text{ 個の数の積}}$
>
> (2) 重複順列（同じものを繰り返し用いてよいとき）
> 異なる n 個から r 個とる重複順列の総数は n^r

2 (1) 1, 2, 3, 4, 5, 6, 7, 8 の位置のうち，どの 5 か所に「右」を置けばよいのかを組合せとして考えると

$$_8C_5 = \frac{8!}{5!\,3!} = \frac{8 \cdot 7 \cdot 6}{3 \cdot 2 \cdot 1} = \underline{56}$$ (通り) 答 ← 「上」を置く場所を考えると $_8C_3 = \dfrac{8!}{3!\,5!} = 56$ (通り)

(例)

1	2	3	4	5	6	7	8
右	上	右	上	右	右	上	右

> **POINT** 組合せの総数
>
> $$_nC_r = \frac{n!}{r!\,(n-r)!}$$

〔参考〕 この問題は，右の図のような左右に 4 本，上下に 6 本の経路があるとき，点 A から点 B まで最短距離で行く道順の総数を求めていると考えることができる。例えば，（例）のように「右」と「上」を並べることは，右の図の矢印の道順に対応している。

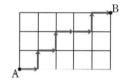

(2) 1 から 14 までの 14 個の位置のうち，奇数番目の 1, 3, 5, 7, 9, 11, 13 の 7 個の位置の中から 3 個の位置を選んで赤球を並べ，残りの 11 個の位置に白球を並べればよいので

$$_7C_3 = \frac{7!}{3!\,4!} = \frac{7 \cdot 6 \cdot 5}{3 \cdot 2 \cdot 1} = \underline{35}$$ (通り) 答

> **POINT** 同じものを含む順列
>
> 同じものを含む順列は，同じものを並べる場所を，組合せの考え方で求める。

13　積の法則，和の法則

1 (1)　女子 2 人の選び方は　$_8C_2 = \dfrac{8 \cdot 7}{2 \cdot 1} = 28$（通り），男子 3 人

の選び方は　$_{10}C_3 = \dfrac{10 \cdot 9 \cdot 8}{3 \cdot 2 \cdot 1} = 120$（通り）

　　よって，積の法則から　$28 \cdot 120 = \underline{3360}$（通り）**答**

(2)　女子 2 人を「1 人」とみて，それと男子 4 人の計「5 人」
を並べると考えると　$_5P_5 = 120$（通り）

　　そのおのおのについて女子 2 人の並び方が $_2P_2 = 2$（通り）
あるので，積の法則から　$120 \cdot 2 = \underline{240}$（通り）**答**

　　【別解】　男子 4 人（○）を先に並べて置き，右の図の 5 か所
の△のうちどこに 2 人の女子が隣り合って入るかを考えると

$$_4P_4 \cdot {_5C_1} \cdot {_2P_2} = 24 \cdot 5 \cdot 2 = \underline{240}\,\text{（通り）}\ \text{答}$$

(3)　K の文字が 2 個，A の文字が 2 個，G の文字が 2 個，N の
文字が 1 個，O の文字が 1 個，U の文字が 1 個の計 9 個の文
字を並べる。

　　文字を並べる位置を 1，2，3，4，5，6，7，8，9 とすると，
K の文字を置く位置の選び方は，9 個の数字から 2 個の数字
を選ぶと考えて $_9C_2$（通り）

　　そのおのおのについて A の文字を置く位置の選び方は，残
りの 7 個の数字から 2 個の数字を選ぶと考えて $_7C_2$（通り）

　　以下同様に考えると，積の法則から

$$_9C_2 \cdot {_7C_2} \cdot {_5C_2} \cdot {_3C_1} \cdot {_2C_1} \cdot {_1C_1}$$

$$= \frac{9!}{2!\,7!} \cdot \frac{7!}{2!\,5!} \cdot \frac{5!}{2!\,3!} \cdot \frac{3!}{1!\,2!} \cdot \frac{2!}{1!\,1!} \cdot \frac{1!}{1!\,0!} \quad \longleftarrow 1! = 1,\ 0! = 1$$

$$= \frac{9!}{2!\,2!\,2!} = \frac{9 \cdot 8 \cdot 7 \cdot 6 \cdot 5 \cdot 4 \cdot 3}{2 \cdot 2} = \underline{45360}\,\text{（通り）}\ \text{答}$$

〔**参考**〕　同じものを含む順列では，右の **POINT** のような
公式がある。

　　これを用いて

$$\frac{9!}{2!\,2!\,2!} = 45360\,\text{（通り）}$$

としてもよい。

　　なお，$1! = 1$ であるので，同じものが 1 個のものについて
は表示を省略している。

POINT　積の法則

　事柄 A の起こり方が a 通りあり，
そのおのおのの場合について，事
柄 B の起こり方が b 通りあるとす
ると，A と B がともに起こる場合
の数は ab 通りある。

△○△○△○△○△

POINT　同じものを含む順列

　n 個のもののうち，p 個は同じ
もの，q 個は別の同じもの，r 個
はさらに別の同じもの，…とする。
この n 個のもの全部でつくられる
順列の数は

$$\frac{n!}{p!\,q!\,r!\cdots}$$

（ただし，$n = p + q + r + \cdots$）

2 (1) 「偶数，奇数，偶数，…」となる場合と「奇数，偶数，奇数，…」となる場合があり，これらは同時には起こらない。

「偶数，奇数，偶数，…」となる場合は，はじめに4個の偶数を並べておき，そのおのおのについて4個の奇数をあとから並べると考えると，積の法則から

$$_4P_4 \cdot _4P_4 = 24 \cdot 24 = 576 \text{（通り）}$$

「奇数，偶数，奇数，…」となる場合についても同様にして

$$_4P_4 \cdot _4P_4 = 24 \cdot 24 = 576 \text{（通り）}$$

よって，和の法則から　$576 + 576 = \underline{1152 \text{（通り）}}$ 答

(2) 「Aに3枚，Bに4枚」，「Aに4枚，Bに3枚」，「Aに5枚，Bに2枚」となる分け方があり，これらは同時には起こらない。

「Aに3枚，Bに4枚」となる分け方は，Aに入る札を選ぶと，残りの札がBに入ることから

$$_7C_3 = \frac{7 \cdot 6 \cdot 5}{3 \cdot 2 \cdot 1} = 35 \text{（通り）}$$

「Aに4枚，Bに3枚」となる分け方は

$$_7C_4 = _7C_3 = \frac{7 \cdot 6 \cdot 5}{3 \cdot 2 \cdot 1} = 35 \text{（通り）} \quad \leftarrow {}_nC_r = {}_nC_{n-r} \text{ を利用}$$

「Aに5枚，Bに2枚」となる分け方は

$$_7C_5 = _7C_2 = \frac{7 \cdot 6}{2 \cdot 1} = 21 \text{（通り）} \quad \leftarrow {}_nC_r = {}_nC_{n-r} \text{ を利用}$$

よって，和の法則から　$35 + 35 + 21 = 91 \text{（通り）}$ 答

POINT 和の法則

2つの事柄 A，B は同時には起こらないとする。

Aの起こり方が a 通りあり，Bの起こり方が b 通りあるとすると，AまたはBが起こる場合の数は $a + b$ 通りある。

14　確　率

1 (1)　取り出した2個の球の色がどちらも赤であるという事
象を A，取り出した2個の球の色がどちらも白であるという
事象を B とする。

取り出した2個の球が同じ色であるという事象は $A \cup B$
であり，A と B は互いに排反である。　← $A \cap B = \emptyset$（空事象）

5個の球から2個の球を取り出す場合の数は ${}_5C_2 = 10$

事象 A が起こる場合の数は ${}_3C_2 = 3$　よって，$P(A) = \dfrac{3}{10}$

事象 B が起こる場合の数は ${}_2C_2 = 1$　よって，$P(B) = \dfrac{1}{10}$

ゆえに，求める確率は，確率の加法定理により

$$P(A \cup B) = P(A) + P(B) = \frac{3}{10} + \frac{1}{10} = \frac{4}{10} = \frac{2}{5}\ \boxed{\text{答}}$$

> **POINT**　確率の和の公式
>
> (1)　$P(A \cup B)$
> 　　$= P(A) + P(B) - P(A \cap B)$
> (2)　確率の加法定理
> 　　事象 A, B が排反であるとき
> 　　$P(A \cup B) = P(A) + P(B)$

(2)　引いたカードの番号が6の倍数であるという事象を A，引
いたカードの番号が9の倍数であるという事象を B とする
と，引いたカードの番号が6の倍数または9の倍数であると
いう事象は $A \cup B$ である。

$A = \{6,\ 12,\ 18,\ 24,\ 30,\ 36,\ 42,\ 48\}$ より $n(A) = 8$

$B = \{9,\ 18,\ 27,\ 36,\ 45\}$ より $n(B) = 5$

ここで，$A \cap B$ は引いたカードの番号が18の倍数である
という事象となり，$A \cap B = \{18,\ 36\}$，$n(A \cap B) = 2$ であ
る。　← A と B は互いに排反ではない

全事象を U とすると $n(U) = 50$

よって，$P(A) = \dfrac{8}{50}$，$P(B) = \dfrac{5}{50}$，$P(A \cap B) = \dfrac{2}{50}$

求める確率は　$P(A \cup B) = P(A) + P(B) - P(A \cap B)$

$$= \frac{8}{50} + \frac{5}{50} - \frac{2}{50} = \frac{11}{50}\ \boxed{\text{答}}$$

2 (1)　Cが白球を取り出すという事象を A，Dが白球を取り
出すという事象を B とすると，CとDが取り出した球がと
もに白球であるという事象は $A \cap B$ である。

$P(A) = \dfrac{2}{5}$，$P_A(B) = \dfrac{1}{4}$ であるから，求める確率は

$$P(A \cap B) = P(A) \times P_A(B) = \frac{2}{5} \cdot \frac{1}{4} = \frac{1}{10}\ \boxed{\text{答}}$$

> **POINT**　確率の乗法定理
>
> $P(A \cap B) = P(A) \times P_A(B)$

(2)　さいころを1回投げて，1の目が出るという事象を A と
すると，事象 A の確率は $P(A) = \dfrac{1}{6}$

1の目以外が出る事象 $\overline{A}$ の確率は $P(\overline{A})=1-\dfrac{1}{6}=\dfrac{5}{6}$

> **POINT** 余事象の確率
>
> $$P(\overline{A})=1-P(A)$$

さいころを1回投げる試行を3回繰り返すとき，各回の試行は独立である。

1の目が2回出るとき，何回目に1の目が出るかは，1回目と2回目，1回目と3回目，2回目と3回目，の3つの場合があり，これらの事象は互いに排反である。

1回目と2回目に1の目が出るときの確率は

$$\frac{1}{6}\cdot\frac{1}{6}\cdot\frac{5}{6}=\frac{5}{216}$$

1回目と3回目に1の目が出るときの確率は

$$\frac{1}{6}\cdot\frac{5}{6}\cdot\frac{1}{6}=\frac{5}{216}$$

2回目と3回目に1の目が出るときの確率は

$$\frac{5}{6}\cdot\frac{1}{6}\cdot\frac{1}{6}=\frac{5}{216}$$

求める確率は $\dfrac{5}{216}+\dfrac{5}{216}+\dfrac{5}{216}=\dfrac{15}{216}=\dfrac{5}{72}$ 答 ← $_3C_2\cdot\left(\dfrac{1}{6}\right)^2\cdot\dfrac{5}{6}$ と求めてもよい

〔参考〕 例えば，「さいころを7回投げるとき，1の目が2回出る確率」をこの解答と同様に求めようとして，1つずつの場合を挙げていくと，面倒である。先に全体を見渡してみると，1回目から7回目のうちのどの2か所で1の目が出たかの場合の数は，$_7C_2$ 通りあるとわかる。また，それぞれの場合の確率は，1の目が2回，1以外の目が5回出ていることから，$\left(\dfrac{1}{6}\right)^2\cdot\left(\dfrac{5}{6}\right)^5$ となる。したがって，$_7C_2\cdot\left(\dfrac{1}{6}\right)^2\cdot\left(\dfrac{5}{6}\right)^5$ と求めることができる。

このような確率を反復試行の確率といい，右の **POINT** のようにまとめることができる。

> **POINT** 反復試行の確率
>
> 1回の試行で事象 A が起こる確率を p とする。この試行を n 回繰り返し行うとき，事象 A がちょうど r 回起こる確率は
> $$_nC_r\cdot p^r\cdot(1-p)^{n-r}$$

(3) 3個目が白球であるのは次の4つの場合があり，これらの事象は互いに排反である。

- 3個とも白球
- 3個目だけ白球
- 1個目と3個目が白球
- 2個目と3個目が白球

求める確率は

$$\frac{4}{12}\cdot\frac{3}{11}\cdot\frac{2}{10}+\frac{8}{12}\cdot\frac{7}{11}\cdot\frac{4}{10}+\frac{4}{12}\cdot\frac{8}{11}\cdot\frac{3}{10}+\frac{8}{12}\cdot\frac{4}{11}\cdot\frac{3}{10}$$

$$=\frac{440}{12\cdot11\cdot10}=\frac{1}{3}$$ 答

15 期待値

1 (1) 得点とそれぞれの確率は表のようになる。

得点	10000	1000	100	0	計
確率	$\dfrac{1}{20}$	$\dfrac{2}{20}$	$\dfrac{5}{20}$	$\dfrac{12}{20}$	1

POINT 得点の期待値

[Ⅰ] 得点ごとの確率を表に整理
[Ⅱ] (得点)×(確率) の和を計算

得点の期待値は

$$10000 \times \frac{1}{20} + 1000 \times \frac{2}{20} + 100 \times \frac{5}{20} + 0 \times \frac{12}{20} = 500 + 100 + 25 + 0 = \underline{625 \text{ (点)}} \text{答}$$

(2) 得点を X とすると，X のとる値は 0，3，4

袋から 3 個の球を同時に取り出すときの出た数を (a, b, c) $(a < b < c)$ で表すと，3 個の数の組は全部で ${}_5C_3 = 10$ (通り) ある。

$X = 0$ となる確率は，$(0, b, c)$ の組が ${}_4C_2 = 6$ (通り) あることから $\dfrac{6}{10}$

$X = 3$ となる確率は，$(1, 2, 3)$ より $\dfrac{1}{10}$

$X = 4$ となる確率は，$(1, 2, 4)$，$(1, 3, 4)$，$(2, 3, 4)$ より $\dfrac{3}{10}$ ← $1 - \left(\dfrac{6}{10} + \dfrac{1}{10}\right) = \dfrac{3}{10}$
と求めてもよい

得点の期待値は

$$0 \times \frac{6}{10} + 3 \times \frac{1}{10} + 4 \times \frac{3}{10} = \frac{15}{10} = \underline{\frac{3}{2} \text{ (点)}} \text{答}$$

X	0	3	4	計
$P(X)$	$\dfrac{6}{10}$	$\dfrac{1}{10}$	$\dfrac{3}{10}$	1

2 (1) 赤球の個数を X とすると，X のとる値は 0，1，2，3
$X = 0$，1，2，3 となる確率はそれぞれ

$$\frac{{}_3C_3}{{}_6C_3} = \frac{1}{20}, \quad \frac{{}_3C_1 \cdot {}_3C_2}{{}_6C_3} = \frac{9}{20},$$

$$\frac{{}_3C_2 \cdot {}_3C_1}{{}_6C_3} = \frac{9}{20}, \quad \frac{{}_3C_3}{{}_6C_3} = \frac{1}{20}$$

POINT X の期待値

X のとる値とそれらの確率が表のようになるとき，X の期待値 $E(X)$ は

$$E(X) = x_1 p_1 + x_2 p_2 + \cdots + x_n p_n$$
$$(p_1 + p_2 + \cdots + p_n = 1)$$

X	x_1	x_2	$\cdots$	x_n	計
$P(X)$	p_1	p_2	$\cdots$	p_n	1

X	0	1	2	3	計
$P(X)$	$\dfrac{1}{20}$	$\dfrac{9}{20}$	$\dfrac{9}{20}$	$\dfrac{1}{20}$	1

赤球の個数の期待値を $E(X)$ とすると

$$E(X) = 0 \times \frac{1}{20} + 1 \times \frac{9}{20} + 2 \times \frac{9}{20} + 3 \times \frac{1}{20} = \frac{30}{20} = \underline{\frac{3}{2} \text{ (個)}} \text{答}$$

(2) 得られる点数を X とすると，X のとる値は 2 (白球 2 個)，3 (赤球 1 個, 白球 1 個)，4 (赤球 2 個)。

$X = 2$，3，4 となる確率はそれぞれ

$$\frac{{}_2C_2}{{}_6C_2} = \frac{1}{15}, \quad \frac{{}_4C_1 \cdot {}_2C_1}{{}_6C_2} = \frac{8}{15}, \quad \frac{{}_4C_2}{{}_6C_2} = \frac{6}{15} \quad ← 赤球がそれぞれ 0 個, 1 個, 2 個$$

得られる点数の期待値を $E(X)$ とすると

$$E(X) = 2 \times \frac{1}{15} + 3 \times \frac{8}{15} + 4 \times \frac{6}{15} = \frac{50}{15} = \underline{\frac{10}{3} \text{ (点)}} \text{答}$$

X	2	3	4	計
$P(X)$	$\dfrac{1}{15}$	$\dfrac{8}{15}$	$\dfrac{6}{15}$	1

16　線分の長さの比

1 (1)　BC＝5，BD＝3 より CD＝2

AD は ∠A の二等分線であるので

$$AB:AC=BD:DC$$

から

$$6:AC=3:2$$

3AC＝6·2 より

AC＝4 答

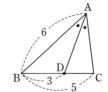

(2)　BD は ∠B の二等分線であるので

$$AD:DC=BA:BC=10:8=5:4$$

△ABD と △BCD を，底辺が同一の直線 AC 上にあって高さが共通である 2 つの三角形とみることにより，求める面積比は

$$\triangle ABD:\triangle BCD=AD:DC=5:4$$ 答

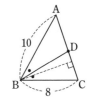

【別解】　D から辺 AB に下ろした垂線を DH，D から辺 BC に下ろした垂線を DK として，面積比を考えてもよい。

直角三角形 △DHB と △DKBにおいて，斜辺が共通で ∠HBD＝∠KBD より

$$\triangle DHB\equiv\triangle DKB$$

となることから

$$DH=DK$$

これより

$$\triangle ABD:\triangle BCD=\frac{1}{2}BA\cdot DH:\frac{1}{2}BC\cdot DK$$

$$=BA:BC=10:8=5:4$$ 答

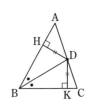

(3)　内心 I は ∠BAC の二等分線と ∠ABD の二等分線の交点である。

∠BAC の二等分線に注目すると

$$BD:DC=AB:AC=5:7$$

$$BD=\frac{5}{5+7}BC=\frac{5}{12}\cdot10=\frac{25}{6}$$

∠ABD の二等分線に注目すると

$$AI:ID=BA:BD$$

$$=5:\frac{25}{6}=30:25=6:5$$ 答

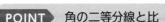

> **POINT**　角の二等分線と比
>
> 　△ABC の ∠A の二等分線と辺 BC との交点Dは，辺 BC を AB：AC に内分する。
>
>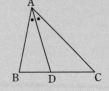
>
> $$BD:DC=AB:AC$$

2 (1) G は △BCD の重心なので，F は BC の中点である。

E は AB の中点なので，中点連結定理により EF∥AC，

2EF＝AC となり

$$AC＝2\cdot9＝18$$

AC と BD の交点を H とすると，H は AC の中点なので

$$AH＝CH＝9$$

H は BD の中点であるので，G は AC 上にある。

CG：GH＝2：1 であるので

$$HG＝\frac{1}{2+1}CH＝\frac{1}{3}\cdot9＝3$$

よって，AG＝AH＋HG＝9＋3＝<u>12</u> 答

〔参考〕 △GDA∽△GFC で

$$GA：GC＝AD：CF＝2：1$$

$$GA＝\frac{2}{2+1}AC＝\frac{2}{3}\cdot18＝12$$

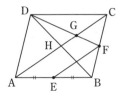

(2) G は △ABC の重心であるので，D は AC の中点であり

$$CD＝9$$

また，BG：GD＝2：1 から

$$DG＝\frac{1}{2+1}DB＝\frac{1}{3}DB$$

CE は ∠ACB の二等分線であるので

$$DE：EB＝CD：CB＝9：12＝3：4$$

から

$$DE＝\frac{3}{3+4}DB＝\frac{3}{7}DB$$ ← DG＜DE となり
D，G，E の順に並ぶ

よって

$$DG：GE＝DG：(DE－DG)$$

$$＝\frac{1}{3}DB：\left(\frac{3}{7}DB－\frac{1}{3}DB\right)$$

$$＝\frac{1}{3}：\frac{9-7}{21}＝\underline{7：2}$$ 答

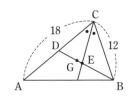

〔参考〕 線分 BD が ∠ABC の二等分線とは限らないため，点 E が △ABC の内心であるとはいえない。E が △ABC の内心となるのは，中線である BD が ∠ABC の二等分線のときであり，この問題では AD＝DC から BA＝BC のときである。

　このことから，二等辺三角形においては，内心が1つの中線上にあることがわかる。

　さらに，内心と重心が一致するのは CB：CD＝2：1 のときであり，CB＝CA となるから，正三角形のときであることもわかる。

17 チェバの定理，メネラウスの定理

1 (1) チェバの定理により

$$\frac{AR}{RB}\cdot\frac{BP}{PC}\cdot\frac{CQ}{QA}=1$$

$$\frac{17}{6}\cdot\frac{BP}{PC}\cdot\frac{18}{19}=1$$

$$\frac{BP}{PC}=\frac{19}{51}$$

$$\underline{BP:PC=19:51}\ \text{答}$$

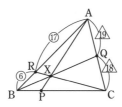

POINT チェバの定理

△ABC の辺 BC，CA，AB 上
の点をそれぞれ P，Q，R とする。
AP，BQ，CR が 1 点 X で交わる
とき

$$\frac{AR}{RB}\cdot\frac{BP}{PC}\cdot\frac{CQ}{QA}=1$$

(2) チェバの定理により

$$\frac{AD}{DB}\cdot\frac{BE}{EC}\cdot\frac{CF}{FA}=1$$

$$\frac{2}{1}\cdot\frac{t}{1-t}\cdot\frac{1}{3}=1$$

$$2t=3(1-t)$$

$$t=\frac{3}{5}\ \text{答} \quad \leftarrow BE:EC=\frac{3}{5}:\frac{2}{5}=3:2$$

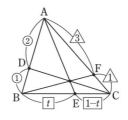
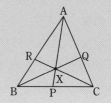

2 (1) △BCD と直線 AE に関して，メネラウスの定理により

$$\frac{BE}{EC}\cdot\frac{CF}{FD}\cdot\frac{DA}{AB}=1$$

$$\frac{1}{2}\cdot\frac{CF}{FD}\cdot\frac{1}{3}=1$$

$$\frac{CF}{DF}=6\ \text{答}$$

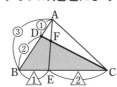

POINT メネラウスの定理

△ABC のどの頂点も通らない
直線 l が辺 BC，CA，AB または
その延長と交わる点をそれぞれ P，
Q，R とすれば

$$\frac{AR}{RB}\cdot\frac{BP}{PC}\cdot\frac{CQ}{QA}=1$$

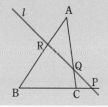

(2) △ADC と直線 BE に関して，メネラウスの定理により

$$\frac{AB}{BD}\cdot\frac{DF}{FC}\cdot\frac{CE}{EA}=1$$

$$\frac{5}{2}\cdot\frac{DF}{FC}\cdot\frac{3}{5}=1$$

$$\frac{DF}{FC}=\frac{2}{3}\ \text{より}\quad \frac{CF}{FD}=\frac{3}{2}$$

$$\underline{CF:FD=3:2}\ \text{答}$$

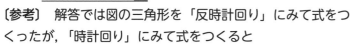

〔参考〕 解答では図の三角形を「反時計回り」にみて式をつ
くったが，「時計回り」にみて式をつくると

$$\frac{AE}{EC}\cdot\frac{CF}{FD}\cdot\frac{DB}{BA}=1$$

$$\frac{5}{3}\cdot\frac{CF}{FD}\cdot\frac{2}{5}=1\ \text{より}\quad \frac{CF}{FD}=\frac{3}{2}\ \text{となる。}$$

18　方べきの定理

1 (1)　直線 OP と円 C の2つの交点を Q, R とすると, 方べ

きの定理より PQ・PR＝PA・PB＝16 である。

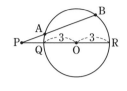

OP＝x とおくと $(x-3)(x+3)＝16$ となり $x^2＝25$

$x>3$ より $x＝5$

よって, OP＝5 答

(2)　次の2つの場合に分けて考える。

(ⅰ)　P, A, B の順に3点が並ぶとき　←A, B の位置によって PB の長さが異なる

直線 OP と円 C の2つの交点を Q, R とすると, 方べき

の定理より PQ・PR＝PA・PB である。

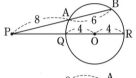

$(OP-4)(OP+4)＝8\cdot(8+6)$ となり $OP^2＝128$

OP＞4 より OP＝$8\sqrt{2}$

(ⅱ)　P, B, A の順に3点が並ぶとき

直線 OP と円 C の2つの交点を Q, R とすると, 方べき

の定理より PQ・PR＝PA・PB である。

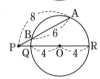

$(OP-4)(OP+4)＝8\cdot(8-6)$ となり $OP^2＝32$

OP＞4 より OP＝$4\sqrt{2}$

(ⅰ), (ⅱ)より　OP＝$4\sqrt{2}$, $8\sqrt{2}$ 答

(3)　線分 AB は円の直径であるので　∠ACB＝90°

△ABC は内角が 30°, 60°, 90° の直角三角形であり,

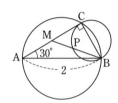

AB＝2 より CA＝$\sqrt{3}$

$MC＝\dfrac{1}{2}CA＝\dfrac{\sqrt{3}}{2}$ と方べきの定理から

$MP\cdot MB＝MC^2＝\left(\dfrac{\sqrt{3}}{2}\right)^2＝\dfrac{3}{4}$ 答

(4)　PA＝x, PD＝y とおく。

△PAD∽△PCB より

PA : PC＝AD : CB

$x : (y+2)＝3 : 6$

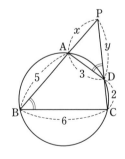

$6x＝3(y+2)$ から $y＝2x-2$

方べきの定理より PA・PB＝PD・PC であり

$x(x+5)＝(2x-2)\cdot\{(2x-2)+2\}$　←PA : PC＝AD : CB より

$3x^2-9x＝0$　　　　　　　　　PC＝$2x$ としてもよい

$3x(x-3)＝0$

$x>0$ より $x＝3$　　　←方べきの定理を用いず, △PAD∽△PCB より

よって, PA＝3 答　　　　　　PD : PB＝AD : CB

　　　　　　　　　　　　　　　　$y : (x+5)＝3 : 6$

　　　　　　　　　　　　　　$6y＝3(x+5)$ から $2y＝x+5$

　　　　　　　　　　　　　　これと $y＝2x-2$ から求めてもよい。

19 不定方程式の整数解

1 (1) $3x+2y=100$ より

$$3x+2(y-50)=0$$

$$3x=-2(y-50)$$

3と2は互いに素であるので，k を整数として

$$\begin{cases} x=2k \\ y-50=-3k \end{cases} \text{より} \begin{cases} x=2k \\ y=-3k+50 \end{cases}$$

$x>0$ かつ $y>0$ より，$2k>0$ かつ $-3k+50>0$，すなわち $0<k<\dfrac{50}{3}$

よって，$k=1$, 2, 3, $\cdots$, 16 のときとなり，x, y の組 (x, y) は全部で 16 個 答 ある。

【別解】 $3x+2y=100$ ……①

$x=2$, $y=47$ は①を満たしており

$$3 \cdot 2 + 2 \cdot 47 = 100 \quad \cdots \cdots ②$$

①－② より

$$\begin{array}{r} 3x+2y=100 \\ -)\quad 3\cdot2+2\cdot47=100 \\ \hline 3(x-2)+2(y-47)=0 \end{array}$$

$$3(x-2)+2(y-47)=0$$

$$3(x-2)=-2(y-47)$$

3と2は互いに素であるので，k を整数として

$$\begin{cases} x-2=2k \\ y-47=-3k \end{cases} \text{より} \begin{cases} x=2k+2 \\ y=-3k+47 \end{cases}$$

$2k+2>0$ かつ $-3k+47>0$ より，$-1<k<\dfrac{47}{3}$

よって，$k=0$, 1, 2, $\cdots$, 15 のときとなり，x, y の組 (x, y) は全部で 16 個 答 ある。

(2) $17x+15y=1$ ……①

$x=-7$, $y=8$ は①を満たしており ← 1組の解を用意する

$$17 \cdot (-7) + 15 \cdot 8 = 1 \quad \cdots \cdots ②$$

①－②より

$$17(x+7)+15(y-8)=0$$

$$17(x+7)=-15(y-8)$$

17と15は互いに素であるので，k を整数として

$$\begin{cases} x+7=15k \\ y-8=-17k \end{cases} \text{より} \begin{cases} x=15k-7 \\ y=-17k+8 \end{cases}$$

求める整数解は $x=15k-7$, $y=-17k+8$ （k は整数）答

【別解】 ①を満たす x, y の組として $(x, y)=(8, -9)$ をとると $x=15k+8$, $y=-17k-9$ （k は整数）答 となる。

POINT 1次不定方程式

a, b が互いに素の整数のとき，$ax+by=c$ の型の方程式の整数解は，1組の解 $x=p$, $y=q$ を用意して $a(x-p)=-b(y-q)$ と変形すると，k を整数として

$$\begin{cases} x-p=bk \\ y-q=-ak \end{cases} \text{より}$$

$$\begin{cases} x=bk+p \\ y=-ak+q \end{cases}$$

のように表すことができる。

2 (1)　$mn-4m+3n=24$

　　　　$m(n-4)+3n=24$　　←　両辺から 12 を引いて
　　　　　　　　　　　　　　　　　　左辺を因数分解できる形にする
　　$m(n-4)+3(n-4)=24-12$

　　　　$(m+3)(n-4)=12$

$m+3$, $n-4$ は整数であり，これらは 12 の約数である。

m は自然数なので，$m+3\geqq4$　←　自然数の組み合わせを調べる
　　　　　　　　　　　　　　　　　ために候補をできるだけ絞る

$\begin{cases} m+3=4 \\ n-4=3 \end{cases}$，$\begin{cases} m+3=6 \\ n-4=2 \end{cases}$，$\begin{cases} m+3=12 \\ n-4=1 \end{cases}$　より

　　$\begin{cases} m=1 \\ n=7 \end{cases}$，$\begin{cases} m=3 \\ n=6 \end{cases}$，$\begin{cases} m=9 \\ n=5 \end{cases}$

よって，m, n の組は $(m, n)=(1, 7)$, $(3, 6)$, $(9, 5)$ の **3 個** 答 ある。

(2)　$\dfrac{4}{k}+\dfrac{3}{m}=2$

両辺に km をかけると $4m+3k=2km$ であり，この式を満たす $k\neq0$, $m\neq0$ の整数 k, m
の組を求めればよい。

　　　　$2km-4m-3k=0$

　　　　$2m(k-2)-3k=0$

　　$2m(k-2)-3(k-2)=0+6$

　　　　$(k-2)(2m-3)=6$

$k-2$, $2m-3$ は整数であり，これらは 6 の約数（負の約数も含む）である。

$2m-3$ は奇数であることから

$\begin{cases} k-2=6 \\ 2m-3=1 \end{cases}$，$\begin{cases} k-2=2 \\ 2m-3=3 \end{cases}$，$\begin{cases} k-2=-6 \\ 2m-3=-1 \end{cases}$，$\begin{cases} k-2=-2 \\ 2m-3=-3 \end{cases}$　より

　　$\begin{cases} k=8 \\ m=2 \end{cases}$，$\begin{cases} k=4 \\ m=3 \end{cases}$，$\begin{cases} k=-4 \\ m=1 \end{cases}$，$\begin{cases} k=0 \\ m=0 \end{cases}$

$k\neq0$, $m\neq0$ であるので

　　$(k, m)=(8, 2)$, $(4, 3)$, $(-4, 1)$ 答

(3)　m を自然数として，$\sqrt{4n^2+165}=m$ とすると $4n^2+165=m^2$

$m^2-4n^2=165$ より $(m+2n)(m-2n)=165$

$m+2n$, $m-2n$ は整数であり，これらは 165 の約数である。

$m>\sqrt{165}>12$ がいえるので $m+2n>14$ であり，$m+2n>m-2n$ から

$\begin{cases} m+2n=165 \\ m-2n=1 \end{cases}$，$\begin{cases} m+2n=55 \\ m-2n=3 \end{cases}$，$\begin{cases} m+2n=33 \\ m-2n=5 \end{cases}$，$\begin{cases} m+2n=15 \\ m-2n=11 \end{cases}$　より

　　$\begin{cases} m=83 \\ n=41 \end{cases}$，$\begin{cases} m=29 \\ n=13 \end{cases}$，$\begin{cases} m=19 \\ n=7 \end{cases}$，$\begin{cases} m=13 \\ n=1 \end{cases}$

よって，**$n=1$, 7, 13, 41** 答

POINT 2 次不定方程式

x, y, a, b, N を整数とする。
　　$(x+a)(y+b)=N$
のとき，$x+a$, $y+b$ は N の正ま
たは負の約数である。

20 式の展開

1 (1) $(3x-5y)^3$

$=(3x)^3-3\cdot(3x)^2\cdot(5y)+3\cdot(3x)\cdot(5y)^2-(5y)^3$ ← $(a-b)^3=a^3-3a^2b+3ab^2-b^3$

$=\underline{27x^3-135x^2y+225xy^2-125y^3}$ 答

(2) $x=\dfrac{3+\sqrt{5}}{2}$, $y=\dfrac{3-\sqrt{5}}{2}$ のとき

$x+y=\dfrac{3+\sqrt{5}}{2}+\dfrac{3-\sqrt{5}}{2}=3$

$xy=\dfrac{3+\sqrt{5}}{2}\cdot\dfrac{3-\sqrt{5}}{2}=\dfrac{9-5}{4}=1$

よって

$x^3+y^3=(x+y)^3-3xy(x+y)$ ← $a^3+b^3=(a+b)^3-3ab(a+b)$

$=3^3-3\cdot1\cdot3=\underline{18}$ 答

(3) $64x^6-y^6=(8x^3)^2-(y^3)^2$ ← A^2-B^2 の形

$=(8x^3+y^3)(8x^3-y^3)$

$=(2x+y)(4x^2-2xy+y^2)(2x-y)(4x^2+2xy+y^2)$ ← $a^3+b^3=(a+b)(a^2-ab+b^2)$

$=\underline{(2x+y)(2x-y)(4x^2-2xy+y^2)(4x^2+2xy+y^2)}$ 答 $a^3-b^3=(a-b)(a^2+ab+b^2)$

2 (1) $(x-2)^{11}$ を展開したときの一般項は

$_{11}C_r x^{11-r}(-2)^r={}_{11}C_r(-2)^r x^{11-r}$ ← $(a+b)^{11}$ の展開で $a=x$, $b=-2$

x^2 の項は $11-r=2$ より $r=9$ のときで, その係数は

$_{11}C_9(-2)^9={}_{11}C_2(-2)^9=55\cdot(-512)=\underline{-28160}$ 答 ← $_{11}C_9={}_{11}C_2$

〔参考〕 一般項を $_{11}C_r x^r(-2)^{11-r}$ として扱ってもよい。

このとき, $r=2$ となる。

(2) $(x+2)^5$ を展開したときの一般項は

$_5C_r x^{5-r}2^r={}_5C_r 2^r x^{5-r}$ ← $(a+b)^5$ の展開で $a=x$, $b=2$

x^3 の項は $5-r=3$ より $r=2$ のときで, その係数は

$_5C_2 2^2=10\cdot4=40$

$(2y-1)^6$ を展開したときの一般項は

$_6C_s(2y)^{6-s}(-1)^s={}_6C_s 2^{6-s}(-1)^s y^{6-s}$ ← $(a+b)^6$ の展開で $a=2y$, $b=-1$

y^3 の項は $6-s=3$ より $s=3$ のときで, その係数は

$_6C_3 2^3(-1)^3=20\cdot8\cdot(-1)=-160$

よって, $(x+2)^5(2y-1)^6$ の展開式における x^3y^3 の項の係数は

$40\cdot(-160)=\underline{-6400}$ 答

POINT 二項定理の一般項

$(a+b)^n$ の展開式で $a^{n-r}b^r$ の係数は $_nC_r$

(3) $\left(\dfrac{x^2}{2}+\dfrac{1}{x^2}\right)^{10}$ を展開したときの一般項は

$_{10}C_r\left(\dfrac{x^2}{2}\right)^{10-r}\left(\dfrac{1}{x^2}\right)^r={}_{10}C_r\left(\dfrac{1}{2}\right)^{10-r}x^{2(10-r)-2r}={}_{10}C_r\left(\dfrac{1}{2}\right)^{10-r}x^{20-4r}$ ← $(a+b)^{10}$ の展開で $a=\dfrac{x^2}{2}$, $b=\dfrac{1}{x^2}$

x^{12} の項は $20-4r=12$ より $r=2$ のときで, その係数は

$_{10}C_2\left(\dfrac{1}{2}\right)^8=45\cdot\dfrac{1}{256}=\underline{\dfrac{45}{256}}$ 答

21　不等式の証明

1 (1) $\dfrac{a^2+b^2}{2}-\left(\dfrac{a+b}{2}\right)^2$

$=\dfrac{a^2+b^2}{2}-\dfrac{a^2+2ab+b^2}{4}$

$=\dfrac{a^2-2ab+b^2}{4}=\dfrac{(a-b)^2}{4}\geqq 0$　←$a-b$ は実数

ゆえに　$\dfrac{a^2+b^2}{2}\geqq\left(\dfrac{a+b}{2}\right)^2$

等号が成り立つのは，$a-b=0$ すなわち $a=b$ のとき。

POINT $A\geqq B$ の証明

$$A-B=\cdots=C\geqq 0$$

を示す。

(2) $2(ac+bd)-(a+b)(c+d)$

$=2(ac+bd)-(ac+ad+bc+bd)$

$=ac-ad-bc+bd=(a-b)(c-d)$

ここで $a-b\geqq 0$，$c-d\geqq 0$ であるから

$(a-b)(c-d)\geqq 0$

ゆえに　$2(ac+bd)\geqq(a+b)(c+d)$

等号が成り立つのは，$a-b=0$ または $c-d=0$

のとき，すなわち $a=b$ または $c=d$ のとき。

▶ $PQ=0$ となるのは
$P=0$ または $Q=0$ のときである。

2 (1) $3a>0$，$\dfrac{2}{a}>0$ であるから，相加平均と相乗平均の関

係により

$$3a+\dfrac{2}{a}\geqq 2\sqrt{3a\cdot\dfrac{2}{a}}\quad←A=3a,\ B=\dfrac{2}{a}$$

よって　$3a+\dfrac{2}{a}\geqq 2\sqrt{6}$

等号が成り立つのは，$a>0$ かつ $3a=\dfrac{2}{a}$ のとき，すなわ

ち $a=\dfrac{\sqrt{6}}{3}$ のとき。

したがって，$a=\dfrac{\sqrt{6}}{3}$ のとき，最小値 $2\sqrt{6}$ **答**

POINT 相加平均と相乗平均
の関係

$A>0$，$B>0$ のとき
$$\dfrac{A+B}{2}\geqq\sqrt{AB}$$

等号が成り立つのは $A=B$ の
とき。（$A+B\geqq 2\sqrt{AB}$ の形で用
いることもある。）

(2) $A=x^2+2x+2$ とおくと，$A=(x+1)^2+1>0$

$A>0$，$\dfrac{9}{A}>0$ であるから，相加平均と相乗平均の関係により

$$A+\dfrac{9}{A}\geqq 2\sqrt{A\cdot\dfrac{9}{A}}\quad←B=\dfrac{9}{A}$$

よって　$A+\dfrac{9}{A}\geqq 6$ となり $x^2+2x+2+\dfrac{9}{x^2+2x+2}\geqq 6$

等号が成り立つのは，$A>0$ かつ $A=\dfrac{9}{A}$ のとき，すなわち $A=3$ のとき。

$A=x^2+2x+2=3$ のとき，$x^2+2x-1=0$ から $x=-1\pm\sqrt{2}$

したがって，$x=-1\pm\sqrt{2}$ のとき，最小値 6 **答**

22　整式の割り算

1 (1) 〔解答1〕　筆算で余りを求めると

$$(-a+3)x-2a+b+2$$

これが $3x+5$ であるとき

$$-a+3=3, \quad -2a+b+2=5$$

これを解いて

$$\underline{a=0, \quad b=3}\ \text{答}$$

$$
\begin{array}{r}
x + \quad (a-1) \\
x^2+x+2\ \overline{)\ x^3+\quad ax^2+\quad\quad 4x+\quad\quad b} \\
\underline{x^3+\quad\ x^2+\quad 2x\quad\quad\quad} \\
(a-1)x^2+\quad\ 2x+\quad\quad b \\
\underline{(a-1)x^2+\ (a-1)x+\quad 2a-2} \\
(-a+3)x+(-2a+b+2)
\end{array}
$$

POINT　整式の割り算

(1)　実際に割り算をする。

(2)　x の整式 A を整式 B で割ったときの商を C，余りを D とすると

$$A=BC+D$$

この式を恒等式として扱う。

〔解答2〕　$f(x)$ の x^3 の係数が 1 であることから，商を $x+c$ とおくと

$$x^3+ax^2+4x+b=(x^2+x+2)(x+c)+3x+5$$

$$x^3+ax^2+4x+b=x^3+(c+1)x^2+(c+5)x+2c+5$$

x についての恒等式であるので

$$a=c+1, \quad 4=c+5, \quad b=2c+5$$

これを解いて

$$\underline{a=0, \quad b=3}\ \text{答}, \quad c=-1$$

(2) 〔解答1〕　筆算で余りを求めると

$$(3p-3)x+(2p+q-8)$$

割り切れるときは，余りが 0 であるので

$$3p-3=0, \quad 2p+q-8=0$$

これを解いて

$$\underline{p=1, \quad q=6}\ \text{答}$$

$$
\begin{array}{r}
px + \quad (-2p+8) \\
x^2+2x+1\ \overline{)\ px^3+\quad\ 8x^2+\quad\quad 13x+\quad\quad q} \\
\underline{px^3+\quad 2px^2+\quad\quad px\quad\quad\quad} \\
(-2p+8)x^2+\ (-p+13)x+\quad q \\
\underline{(-2p+8)x^2+(-4p+16)x+\ (-2p+8)} \\
(3p-3)x+(2p+q-8)
\end{array}
$$

〔解答2〕　$f(x)$ の x^3 の係数が p であることから，商を $px+r$ とおくと

$$px^3+8x^2+13x+q=(x^2+2x+1)(px+r)\quad \leftarrow\text{割り切れるので余り}0$$

$$px^3+8x^2+13x+q=px^3+(2p+r)x^2+(p+2r)x+r$$

x についての恒等式であるので

$$8=2p+r, \quad 13=p+2r, \quad q=r$$

これを解いて

$$\underline{p=1, \quad q=6}\ \text{答}, \quad r=6$$

2 (1)　$f(x)$ を $(x-1)(x-2)$ で割ったときの商を $Q(x)$，余りを $ax+b\,(a,\ b$ は定数$)$ とすると

$$f(x)=(x-1)(x-2)Q(x)+ax+b$$

与えられた条件から　$f(1)=-1$ かつ $f(2)=8$

よって　$a+b=-1, \quad 2a+b=8$

これを解いて　$a=9, \quad b=-10$

求める余りは　$\underline{9x-10}\ \text{答}$

POINT　剰余の定理

整式 $P(x)$ を 1 次式 $x-k$ で割ったときの余りは $P(k)$

(2)　$4x^{101}+3x^{100}-2x^{99}+1$ を $x^3-x=x(x-1)(x+1)$ で割っ
たときの商を $Q(x)$，余りを ax^2+bx+c $(a,\ b,\ c$ は定数$)$ と
すると

$4x^{101}+3x^{100}-2x^{99}+1=x(x-1)(x+1)Q(x)+ax^2+bx+c$

　x についての恒等式であるので

　$x=0$ のとき　$1=c$　……①

　$x=1$ のとき　$6=a+b+c$　……②

　$x=-1$ のとき　$2=a-b+c$　……③

　①，②，③を解いて　$a=3$，$b=2$，$c=1$

　求める余りは　$\underline{3x^2+2x+1}$ 答

(3)　$P(x)$ を $(x+1)^2(x-2)$ で割ったときの商を $Q(x)$，余りを
ax^2+bx+c $(a,\ b,\ c$ は定数$)$ とすると

$$P(x)=(x+1)^2(x-2)Q(x)+ax^2+bx+c\ \ \cdots\cdots(※)$$

$(x+1)^2(x-2)Q(x)$ は $(x+1)^2$ で割り切れるので，$P(x)$
を $(x+1)^2$ で割ったときの余りと，ax^2+bx+c を $(x+1)^2$
で割ったときの余りは等しい。

　右の割り算から，余りについて

　　$(-2a+b)x+(-a+c)=18x+9$

　x についての恒等式であるので

　　$-2a+b=18$　……①

　　$-a+c=9$　……②

　また，$P(2)=9$ であるので

　　$4a+2b+c=9$　……③

　①より　$b=2a+18$，②より　$c=a+9$

　これらを③に代入して

　　$4a+2(2a+18)+a+9=9$

　よって　$a=-4$，$b=10$，$c=5$ となり

　求める余りは　$\underline{-4x^2+10x+5}$ 答

〔参考〕　ax^2+bx+c を $(x+1)^2$ で割ったときの余りが
$18x+9$ になることから，$ax^2+bx+c=a(x+1)^2+18x+9$
と表せる。このことから，（※）の式を
$P(x)=(x+1)^2(x-2)Q(x)+a(x+1)^2+18x+9$ とし，
$P(2)=9$ から a の値を定めて余りを求めると，計算量を減ら
すことができる。

POINT　剰余の定理の応用

　整式 $P(x)$ を2次式
$(x-m)(x-n)$ で割ったときの
余り $ax+b$ を求めるには
$P(x)=(x-m)(x-n)Q(x)$
$\qquad\qquad\qquad +ax+b$
とおき，$P(m)$，$P(n)$ に注目する。

▶　3次式で割るとき，余りは2次以
　下の式となる。

$$
\begin{array}{r}
a \\
x^2+2x+1\,\overline{)\,ax^2+\qquad bx+\quad c\ } \\
\underline{ax^2+\quad 2ax+\quad a} \\
(-2a+b)x+(-a+c)
\end{array}
$$

23 複素数

1 (1) $i^2=-1$, $i^3=i^2\cdot i=-1\cdot i=-i$,

$\dfrac{1}{i}=\dfrac{i}{i^2}=\dfrac{i}{-1}=-i$, $\dfrac{1}{i^2}=\dfrac{1}{-1}=-1$ であるので

$$i^3+i^2+i+\dfrac{1}{i}+\dfrac{1}{i^2}$$

$$=(-i)+(-1)+i+(-i)+(-1)=-2-i$$

よって，$\underline{p=-2,\ q=-1}$ 答

POINT 複素数の変形

$i^2=-1$ を用いて，複素数を $a+bi$（a，bは実数）の形にする。

(2) $\dfrac{1}{1+i}=\dfrac{1\cdot(1-i)}{(1+i)(1-i)}=\dfrac{1-i}{1-i^2}=\dfrac{1-i}{1-(-1)}=\dfrac{1-i}{2}$

$\left(\dfrac{1}{1+i}\right)^2=\left(\dfrac{1-i}{2}\right)^2=\dfrac{1-2i+i^2}{4}$

$$=\dfrac{1-2i-1}{4}=\underline{-\dfrac{1}{2}i}$$ 答

POINT 分母の実数化

$\dfrac{1}{c+di}=\dfrac{1\cdot(c-di)}{(c+di)(c-di)}$

(3) $(2+i)^2=4+4i-1=3+4i$ より

$\dfrac{3-i}{(2+i)^2}=\dfrac{3-i}{3+4i}=\dfrac{(3-i)(3-4i)}{(3+4i)(3-4i)}$

$$=\dfrac{9-15i+4i^2}{9-16i^2}=\dfrac{9-15i-4}{9+16}$$

$$=\dfrac{5-15i}{25}=\dfrac{1}{5}+\left(-\dfrac{3}{5}\right)i$$

よって，$\underline{\text{実部は }\dfrac{1}{5}\text{，虚部は }-\dfrac{3}{5}}$ 答

2 (1) $(-1+2i)^2+p(-1+2i)+q=0$

$1-4i-4-p+2pi+q=0$

$-p+q-3+(2p-4)i=0$

$-p+q-3$，$2p-4$ は実数であるので

$-p+q-3=0$ かつ $2p-4=0$

これらを解くと，$\underline{p=2,\ q=5}$ 答 ← $x^2+2x+5=0$ の解の 1つが $-1+2i$

POINT 複素数の相等

a, b, c, d が実数のとき，
$a+bi=c+di$ ならば $a=c$ かつ $b=d$

とくに，$a+bi=0$ ならば $a=0$ かつ $b=0$

(2) $\left(x+\dfrac{1}{yi}\right)\cdot\dfrac{1}{\dfrac{1}{a}+bi}=-\dfrac{d}{c}i$ のとき

$x+\dfrac{i}{yi^2}=-\dfrac{d}{c}i\cdot\left(\dfrac{1}{a}+bi\right)$

$x+\left(-\dfrac{1}{y}\right)i=\dfrac{bd}{c}+\left(-\dfrac{d}{ac}\right)i$

x，$-\dfrac{1}{y}$，$\dfrac{bd}{c}$，$-\dfrac{d}{ac}$ は実数であるので $x=\dfrac{bd}{c}$ かつ $-\dfrac{1}{y}=-\dfrac{d}{ac}$

よって，$\underline{x=\dfrac{bd}{c},\ y=\dfrac{ac}{d}}$ 答

24　方程式の解

1 (1) $3x^2-2x-2=0$ の2つの解が α, β のとき，解と係数の関係から

$$\alpha+\beta=\frac{2}{3}, \ \alpha\beta=-\frac{2}{3}$$

$$\begin{aligned}(\alpha+2\beta)(\beta+2\alpha)&=2(\alpha^2+\beta^2)+5\alpha\beta\\&=2\{(\alpha+\beta)^2-2\alpha\beta\}+5\alpha\beta\\&=2(\alpha+\beta)^2+\alpha\beta\\&=2\cdot\left(\frac{2}{3}\right)^2+\left(-\frac{2}{3}\right)\\&=\frac{2}{9}\end{aligned}$$　答

2次方程式
$$ax^2+bx+c=0$$
の2つの解を α, β とすると
$$\alpha+\beta=-\frac{b}{a}$$
$$\alpha\beta=\frac{c}{a}$$

(2) $x^2-px+q=0$ について，解と係数の関係から

$$\alpha+\beta=p, \ \alpha\beta=q$$
$$\alpha^2+\beta^2=(\alpha+\beta)^2-2\alpha\beta=p^2-2q$$
$$\alpha^2\beta^2=(\alpha\beta)^2=q^2$$

α^2 と β^2 を解とする2次方程式で x^2 の係数が1となるもの
は $(x-\alpha^2)(x-\beta^2)=0$ より　←慣れてきたら省略
$$x^2-(\alpha^2+\beta^2)x+\alpha^2\beta^2=0$$
よって　$x^2-(p^2-2q)x+q^2=0$　答

(3) $2x^2+px+2q=0$ について，解と係数の関係から

$$\alpha+\beta=-\frac{p}{2} \quad \cdots\cdots①$$

$$\alpha\beta=\frac{2q}{2}=q \quad \cdots\cdots②$$

$x^2+qx+p=0$ の2つの解が $\alpha+\beta$ と $\alpha\beta$ であるとき，解と係数の関係から

$$(\alpha+\beta)+\alpha\beta=-q \quad \cdots\cdots③$$
$$(\alpha+\beta)\cdot\alpha\beta=p \quad \cdots\cdots④$$

③に①，②を代入すると　$-\frac{p}{2}+q=-q$ より　$p=4q$　$\cdots\cdots⑤$

④に①，②を代入すると　$-\frac{p}{2}\cdot q=p$ より　$p(q+2)=0$

$p\neq0$ より　$q=-2$　　⑤より　$p=-8$
よって　$p=-8, \ q=-2$　答

2 (1) $P(x)=x^3-2x^2-7x-4$ とすると
$$P(-1)=0$$　←自分で見つける
よって，$P(x)$ は $x+1$ で割り切れる。
$$\begin{aligned}P(x)&=(x+1)(x^2-3x-4)\\&=(x+1)^2(x-4)\end{aligned}$$
$P(x)=0$ から　$x=-1, \ 4$　答　←$x=-1$ は2重解

$$\begin{array}{r}x^2-3x\ -4\\x+1\overline{)x^3-2x^2-7x-4}\\\underline{x^3+\ x^2}\\-3x^2-7x\\\underline{-3x^2-3x}\\-4x-4\\\underline{-4x-4}\\0\end{array}$$

(2) $3+2i$ が解であるから

$(3+2i)^3+a(3+2i)^2+25(3+2i)+b=0$　……①

ここで，$(3+2i)^3=3^3+3\cdot3^2\cdot2i+3\cdot3\cdot(2i)^2+(2i)^3$

$=27+54i-36-8i$

$=-9+46i$

$(3+2i)^2=3^2+2\cdot3\cdot2i+(2i)^2$

$=9+12i-4$

$=5+12i$

▶ $(a+b)^3=a^3+3a^2b+3ab^2+b^3$

POINT　複素数の変形

$i^2=-1$ を用いて，複素数を
$a+bi$（a，b は実数）の形にする。

であるので，①は

$(-9+46i)+a(5+12i)+25(3+2i)+b=0$

$(5a+b+66)+(12a+96)i=0$

$5a+b+66$，$12a+96$ は実数であるので

$5a+b+66=0$ かつ $12a+96=0$

POINT　複素数の相等

p，q が実数のとき，$p+qi=0$
ならば $p=0$ かつ $q=0$

これを解いて　$a=-8$，$b=-26$

よって，もとの 3 次方程式は，$x^3-8x^2+25x-26=0$

$P(x)=x^3-8x^2+25x-26$ とすると

$P(2)=0$　←自分で見つける

よって，$P(x)$ は $x-2$ で割り切れる。

$P(x)=(x-2)(x^2-6x+13)$

$P(x)=0$ から　$x=2$，$3\pm2i$

$$
\begin{array}{r}
x^2-6x+13 \\
x-2\overline{\smash{\big)}\,x^3-8x^2+25x-26} \\
\underline{x^3-2x^2} \\
-6x^2+25x \\
\underline{-6x^2+12x} \\
13x-26 \\
\underline{13x-26} \\
0
\end{array}
$$

求める実数解は，$\underline{x=2}$ 答

〔参考〕　この解答例では，23 複素数　で扱った事項を用いて解いている。

　一般に，係数が実数の方程式が虚数解 $p+qi$ をもてば，それと共役な複素数 $p-qi$ もこの方程式の解となることが知られている。このことを用いると，3 次方程式の係数が実数なので，$3+2i$ が解のとき，$3-2i$ も解となる。

　これらを 2 解とする 2 次方程式のうち，x^2 の係数が 1 となるものは，解と係数の関係から

$(3+2i)+(3-2i)=6$，$(3+2i)(3-2i)=13$ より　$x^2-6x+13=0$

よって，$P(x)$ は，$x^2-6x+13$ で割り切れることがわかる。

　さらに，3 次方程式の解と係数の関係を用いると，次のように考えることもできる。

　もう 1 つの解を γ とすると，3 次方程式の解と係数の関係から

$(3+2i)+(3-2i)+\gamma=-a$　……②

$(3+2i)(3-2i)+(3-2i)\gamma+\gamma(3+2i)=25$　……③

$(3+2i)(3-2i)\gamma=-b$　……④

③より　$13+6\gamma=25$　　よって，$\gamma=2$

②より　$a=-8$，④より　$b=-26$

POINT　3 次方程式の解と
　　　　係数の関係

　3 次方程式
　　$ax^3+bx^2+cx+d=0$
の 3 つの解を α，β，γ とすると

$$\alpha+\beta+\gamma=-\frac{b}{a}$$

$$\alpha\beta+\beta\gamma+\gamma\alpha=\frac{c}{a}$$

$$\alpha\beta\gamma=-\frac{d}{a}$$

25 点と直線

1 (1) 直線 $2x+5y-11=0$ の傾きは

$$y=-\frac{2}{5}x+\frac{11}{5}\ \text{より}\ -\frac{2}{5}$$

これと垂直な直線の傾きを m とすると

$$-\frac{2}{5}\cdot m=-1\ \text{より}\ m=\frac{5}{2}$$

よって，求める直線の方程式は，$y-4=\frac{5}{2}(x-3)$ より

$$\underline{y=\frac{5}{2}x-\frac{7}{2}}\ \text{答}$$

(2) 2点 A$(2,\ 4)$，B$(6,\ 0)$ を通る直線の傾きは，$\dfrac{0-4}{6-2}=-1$

これと垂直な直線の傾きを m とすると

$$-1\cdot m=-1\ \text{より}\ m=1$$

2点 A$(2,\ 4)$，B$(6,\ 0)$ の中点の座標は，

$$\left(\frac{2+6}{2},\ \frac{4+0}{2}\right)\text{より}\ (4,\ 2)$$

よって，求める直線の方程式は，$y-2=1\cdot(x-4)$ より

$$\underline{y=x-2}\ \text{答}$$

2 (1) 点Bの座標を $(p,\ q)$ とする。

直線 $l:2x-y-4=0$ の傾きは 2 であり，直線 AB は l に垂直であるから

$$2\cdot\frac{q-3}{p-1}=-1$$

ゆえに $p+2q=7$ ……①

線分 AB の中点 $\left(\dfrac{p+1}{2},\ \dfrac{q+3}{2}\right)$ は直線 l 上にあるので

$$2\cdot\frac{p+1}{2}-\frac{q+3}{2}-4=0$$

ゆえに $2p-q=9$ ……②

①，②を連立させて解くと，$p=5$，$q=1$

したがって，$\underline{\text{B}(5,\ 1)}$ 答

【別解】 点Aから直線 l に下ろした垂線を AH としてHの座標を求め，Hが線分 AB の中点であるとして解いてもよい。

直線 $l:y=2x-4$ ……③ の傾きは 2 であり，直線 AB は l に垂直であるから，直線 AB と垂直な直線の傾きを m とすると

$$2\cdot m=-1\ \text{より}\ m=-\frac{1}{2}$$

直線 AB の方程式は $y-3=-\frac{1}{2}(x-1)$ より

POINT 2直線の垂直

2直線 $y=m_1x+n_1$，
$y=m_2x+n_2$ が垂直のとき
$$m_1m_2=-1$$

POINT 直線の方程式

点 $(p,\ q)$ を通り，傾きが m の直線の方程式は
$$y-q=m(x-p)$$

POINT 2点を通る直線の傾き

異なる2点 $(x_1,\ y_1)$，$(x_2,\ y_2)$（ただし $x_1\neq x_2$）を通る直線の傾きは $\dfrac{y_2-y_1}{x_2-x_1}$

POINT 直線に関して対称な点

2点 A，B が直線 l に関して対称であるとき，次のことがいえる。
(1) 直線 AB は l に垂直である。
(2) 線分 AB の中点は l 上にある。

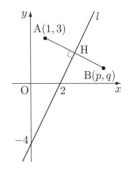

$$y = -\frac{1}{2}x + \frac{7}{2} \quad \cdots\cdots ④$$

③，④を連立させて解くと，$x=3$，$y=2$ となり H(3, 2)

点Bの座標を (p, q) とすると，H が線分 AB の中点であるから

$$\frac{1+p}{2} = 3, \quad \frac{3+q}{2} = 2$$

よって，$p=5$，$q=1$ となり <u>B(5, 1)</u> 答

(2) 点Aと点Bが直線 l に関して同じ側にあるので，直線 l に関するBの対称点をCとすると，PB＝PC であることから

$$AP + PB = AP + PC \geqq AC \quad \leftarrow 三角形の2辺の長さの和は$$
残りの辺の長さより大きい

が成り立つ。

この不等式の等号が成り立つとき，3点 A，P，C は一直線上にあり，点Pは，直線 l と直線 AC の交点である。（右の図の点 P_0）

点Cの座標を (p, q) とする。 ← 点Cの座標，直線 AC の方程式，
直線 l と直線 AC の交点の座標の順に求める

直線 $l : y = -x + 1$ $\cdots\cdots ①$

の傾きは -1 であり，直線 BC は l に垂直であるから

$$-1 \cdot \frac{q-2}{p-4} = -1$$

ゆえに $p - q = 2$ $\cdots\cdots ②$

線分 BC の中点 $\left(\dfrac{p+4}{2}, \dfrac{q+2}{2}\right)$ は直線 l 上にあるので

$$\frac{p+4}{2} + \frac{q+2}{2} = 1$$

ゆえに $p + q = -4$ $\cdots\cdots ③$

②，③を連立させて解くと，$p = -1$，$q = -3$

したがって，C(-1, -3)

直線 AC の方程式は，傾きが $\dfrac{(-3)-4}{(-1)-(-2)} = -7$ であり，

$y - 4 = -7(x+2)$ より

$$y = -7x - 10 \quad \cdots\cdots ④$$

①，④を連立させて解くと，$x = -\dfrac{11}{6}$，$y = \dfrac{17}{6}$

したがって，点Pの座標は <u>$P\left(-\dfrac{11}{6}, \dfrac{17}{6}\right)$</u> 答

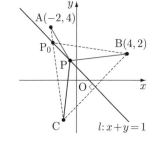

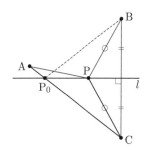

26　円と直線

1 (1)　円の方程式を $x^2+y^2+lx+my+n=0$ とする。

O(0, 0) を通るので，$n=0$　……①

A(4, 0) を通るので，$16+4l+n=0$　……②

B(0, 3) を通るので，$9+3m+n=0$　……③

①，②，③を解いて，$l=-4,\ m=-3,\ n=0$

円の方程式は $x^2+y^2-4x-3y=0$

$$x^2-4x+4+y^2-3y+\frac{9}{4}=0+4+\frac{9}{4}$$

$$(x-2)^2+\left(y-\frac{3}{2}\right)^2=\frac{25}{4}$$

円の中心は $\left(2,\ \dfrac{3}{2}\right)$，半径は $\dfrac{5}{2}$ 答

〔**参考**〕　この問題では，∠AOB＝90° であり，これを円周角とみると線分 AB が円の直径になることがわかる。円の中心は線分 AB の中点，半径は $\dfrac{1}{2}$AB となっている。

(2)　円の方程式を $x^2+y^2+lx+my+n=0$ とする。

A(-3, 6) を通るので，$9+36-3l+6m+n=0$

$\qquad -3l+6m+n=-45$　……①

B(5, 0) を通るので，$25+5l+n=0$

$\qquad 5l+n=-25$　……②

C(4, 7) を通るので，$16+49+4l+7m+n=0$

$\qquad 4l+7m+n=-65$　……③

①，②，③を解いて，$l=-2,\ m=-6,\ n=-15$

円の方程式は $x^2+y^2-2x-6y-15=0$

$\qquad x^2-2x+1+y^2-6y+9=15+1+9$

$\qquad (x-1)^2+(y-3)^2=25$

円の中心は (1, 3)，半径は 5 答

〔**参考**〕　この問題で求めた円の中心は，3 点A(-3, 6)，B(5, 0)，C(4, 7) を頂点とする三角形の外接円の中心(外心)である。また，半径は△ABCの外接円の半径になっている。三角形の外心は各辺の垂直二等分線の交点であるので，この問題の円の中心を求めるのに，線分ABの垂直二等分線，線分BCの垂直二等分線の方程式を求め，これらの交点として解く方法もある。

2 (1)　点 A(1, 0) と直線 $l：x+3y-3=0$ の距離が円 C の半径となるので，半径は

$$\frac{|1+3\cdot0-3|}{\sqrt{1^2+3^2}}=\frac{|-2|}{\sqrt{10}}=\frac{2}{\sqrt{10}}=\frac{\sqrt{10}}{5}$$ 答

(2)　円の中心を C，線分 AB の中点を M とする。

CM⊥AB であり，CM の長さは点 C(5, -2) と直線

$2x-y-7=0$ の距離に等しいので

POINT　円の方程式

(1)　中心 (a, b)，半径 r の円の方程式は

$$(x-a)^2+(y-b)^2=r^2$$

(2)　一般に，円の方程式は

$$x^2+y^2+lx+my+n=0$$

と表される。

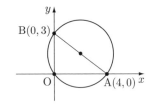

POINT　点と直線の距離

点 (x_1, y_1) と直線

$ax+by+c=0$ の距離 d は

$$d=\frac{|ax_1+by_1+c|}{\sqrt{a^2+b^2}}$$

$$\text{CM} = \frac{|2 \cdot 5 - (-2) - 7|}{\sqrt{2^2 + (-1)^2}} = \frac{|5|}{\sqrt{5}} = \frac{5}{\sqrt{5}} = \sqrt{5}$$

直角三角形 AMC で，三平方の定理より

$$\text{AM} = \sqrt{\text{CA}^2 - \text{CM}^2} \quad \longleftarrow \text{CA は円の半径}$$
$$= \sqrt{(\sqrt{29})^2 - (\sqrt{5})^2} = \sqrt{24} = 2\sqrt{6}$$

よって，$\text{AB} = 2\text{AM} = 4\sqrt{6}$ 答

(3) 点 A(2, 4) を通る直線は

$$x = 2 \quad \cdots\cdots① \quad \longleftarrow x \text{ 軸に垂直な直線}$$

または，傾きを m として

$$y - 4 = m(x - 2) \quad \cdots\cdots②$$

と表される。

①は，円と点 (2, 0) で接するので，求める接線である。

②で表される直線が円 $x^2 + y^2 = 4$ と接するとき，円の中心 (0, 0) と直線 $mx - y - 2m + 4 = 0$ の距離が円の半径 2 に等しいので

$$\frac{|m \cdot 0 - 0 - 2m + 4|}{\sqrt{m^2 + (-1)^2}} = 2$$

$$|-2m + 4| = 2\sqrt{m^2 + 1} \quad \longleftarrow \text{点と直線の距離の公式を用いた}$$
$$(-2m + 4)^2 = 4(m^2 + 1) \qquad \text{方程式は，両辺を 2 乗して解く}$$

$$-16m + 12 = 0 \text{ より } m = \frac{3}{4}$$

このとき接線の方程式は，$y - 4 = \frac{3}{4}(x - 2)$ より $y = \frac{3}{4}x + \frac{5}{2}$

以上により，求める接線の方程式は，$x = 2, \ y = \frac{3}{4}x + \frac{5}{2}$ 答

【別解】 $x^2 + y^2 = 4$ 上の点 (p, q) における接線の方程式が $px + qy = 4 \quad \cdots\cdots③$ と表されることを用いて，以下のように解くこともできる。

③が点 A(2, 4) を通ることから

$$2p + 4q = 4 \quad \cdots\cdots④$$

点 (p, q) が $x^2 + y^2 = 4$ 上にあることから

$$p^2 + q^2 = 4 \quad \cdots\cdots⑤ \qquad \ulcorner (p, q) \text{ は接点の座標}$$

④，⑤より，(p, q) は $(2, 0), \left(-\frac{6}{5}, \frac{8}{5}\right)$ となり

(p, q) が $(2, 0)$ のとき③より $x = 2$ 答

(p, q) が $\left(-\frac{6}{5}, \frac{8}{5}\right)$ のとき③より $-3x + 4y = 10$ 答

POINT 円の弦の長さ

円の中心 C と弦の中点 M の距離は，C と弦を与える直線の距離に等しい。

半径を含む直角三角形を利用して，弦の長さを求めることができる。

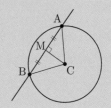

POINT 円と接線

円と直線が接するとき，円の中心と接線の距離は，半径に等しい。

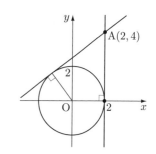

POINT 円の接線の方程式

円 $x^2 + y^2 = r^2$ 上の点 (x_1, y_1) における接線の方程式は

$$x_1 x + y_1 y = r^2$$

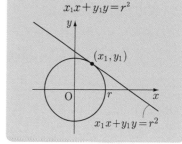

27　軌　跡

1 (1)　点 P(x, y) とすると

AP：BP＝3：2 より　2AP＝3BP

$4AP^2＝9BP^2$

$4\{(x-1)^2+(y+2)^2\}＝9\{(x-6)^2+(y-8)^2\}$

整理すると　$x^2+y^2-20x-32y+176＝0$

$(x-10)^2+(y-16)^2＝180$　……① ← 軌跡の方程式

ゆえに，条件を満たす点Pは，円①上にある。

逆に，円①上の任意の点 P(x, y) は，条件を満たす。

よって，求める軌跡は，<u>中心が点 (10, 16)，半径 $6\sqrt{5}$ の円</u> 答

(2)　円の中心を P(x, y) とし，P から直線 $y=-1$ に垂線 PH をひく。

$AP^2＝PH^2$ より

$x^2+(y-1)^2＝(y+1)^2$

整理すると　$y＝\dfrac{1}{4}x^2$　……①

逆に，①を満たす点 P(x, y) は，$AP^2＝PH^2$ を満たす。

よって，求める軌跡の方程式は <u>$y＝\dfrac{1}{4}x^2$</u> 答

POINT 軌跡を求める手順(1)

［Ⅰ］　点Pの座標を (x, y) とする。
［Ⅱ］　点Pの満たす式をつくる。
［Ⅲ］　x, y の満たす式にする。

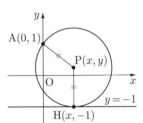

2 (1)　△OAP の重心Gの座標は $\left(\dfrac{p+2}{3}, \dfrac{p^2-2p+4}{3}\right)$ ← $\left(\dfrac{0+2+p}{3}, \dfrac{0+1+p^2-2p+3}{3}\right)$

であり，$x＝\dfrac{p+2}{3}$　……①，$y＝\dfrac{p^2-2p+4}{3}$　……②

とする。

①より，p がすべての実数値をとるとき，x もすべての実数値をとる。← C と直線 OA は交わらないので，常に △OAP が存在する

①より $p＝3x-2$ で，これを②に代入すると

$y＝\dfrac{(3x-2)^2-2(3x-2)+4}{3}$

求める軌跡の方程式は　<u>$y＝3x^2-6x+4$</u> 答

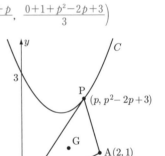

(2)　B(x, y) とすると，点Bと点 A$(a, -a^2-a+8)$ が
点 (1, 2) に関して対称であることから

$\dfrac{x+a}{2}＝1, \dfrac{y+(-a^2-a+8)}{2}＝2$ ← 線分 AB の中点が (1, 2)

であり，$x＝-a+2$　……①，$y＝a^2+a-4$　……②

①より，a がすべての実数値をとるとき，x もすべての実数値をとる。

①より $a＝-x+2$ で，これを②に代入すると

$y＝(-x+2)^2+(-x+2)-4$

求める軌跡の方程式は　<u>$y＝x^2-5x+2$</u> 答

POINT 軌跡を求める手順(2)

［Ⅰ］　注目する点の座標を文字で表す。
［Ⅱ］　$x=$（文字を含む式），$y=$（文字を含む式）とおき，文字を消去して x, y の満たす式にする。
［Ⅲ］　文字のとる値の範囲から，x の値の範囲を調べる。

28　三角関数を含む方程式

1 (1) $2\sin\theta\cos\theta=\sqrt{2}\sin\theta$

$2\sin\theta\cos\theta-\sqrt{2}\sin\theta=0$　　$\sin\theta(2\cos\theta-\sqrt{2})=0$

$\sin\theta=0$ または $\cos\theta=\dfrac{\sqrt{2}}{2}$　←単位円で読み取れる式にする

$0\leqq\theta<2\pi$ のとき，$\sin\theta=0$ より $\theta=0,\ \pi$ ←単位円と直線 $y=0$
の交点に注目する

$\cos\theta=\dfrac{\sqrt{2}}{2}$ より $\theta=\dfrac{\pi}{4},\ \dfrac{7}{4}\pi$ ←単位円と

直線 $x=\dfrac{\sqrt{2}}{2}$ の交点に注目する

したがって，$\underline{\theta=0,\ \dfrac{\pi}{4},\ \pi,\ \dfrac{7}{4}\pi}$ 答

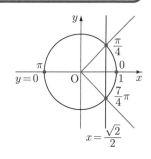

(2) $2\cos^2\theta+5\sin\theta-4=0$ ←$\sin^2\theta+\cos^2\theta=1$ を利用して変形する

$2(1-\sin^2\theta)+5\sin\theta-4=0$

$2\sin^2\theta-5\sin\theta+2=0$　　$(2\sin\theta-1)(\sin\theta-2)=0$

$0<\theta<\pi$ のとき，$0<\sin\theta\leqq1$ より $\sin\theta=\dfrac{1}{2}$ となり

$\underline{\theta=\dfrac{\pi}{6},\ \dfrac{5}{6}\pi}$ 答 ←単位円と直線 $y=\dfrac{1}{2}$ の交点に注目する

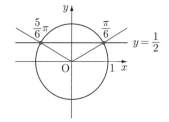

(3) $2\sin\theta>-\sqrt{2}$　　$\sin\theta>-\dfrac{\sqrt{2}}{2}$ ←単位円上の点 $(\cos\theta,\ \sin\theta)$
が動くことのできる範囲に
注目する

$0\leqq\theta<2\pi$ のとき，$\underline{0\leqq\theta<\dfrac{5}{4}\pi,\ \dfrac{7}{4}\pi<\theta<2\pi}$ 答

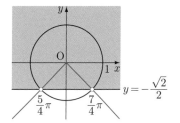

2 (1) $0\leqq\theta\leqq\pi$ のとき，$\dfrac{\pi}{6}\leqq\theta+\dfrac{\pi}{6}\leqq\dfrac{7}{6}\pi$ であるから

$\sin\left(\theta+\dfrac{\pi}{6}\right)=\dfrac{\sqrt{3}}{2}$ より $\theta+\dfrac{\pi}{6}=\dfrac{\pi}{3},\ \dfrac{2}{3}\pi$

ゆえに $\underline{\theta=\dfrac{\pi}{6},\ \dfrac{\pi}{2}}$ 答

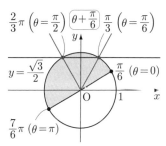

(2) $0\leqq\theta\leqq\dfrac{\pi}{2}$ のとき，$\dfrac{\pi}{3}\leqq\theta+\dfrac{\pi}{3}\leqq\dfrac{5}{6}\pi$ であるから

$\dfrac{1}{2}\leqq\sin\left(\theta+\dfrac{\pi}{3}\right)\leqq1$

$2\sin\left(\theta+\dfrac{\pi}{3}\right)+1$ が最大となるのは，←$2\times($変化する部分$)+1$
とみる

$\sin\left(\theta+\dfrac{\pi}{3}\right)=1$ のときで，$2\cdot1+1=3$ より，最大値 3 答

このとき $\theta+\dfrac{\pi}{3}=\dfrac{\pi}{2}$ から $\underline{\theta=\dfrac{\pi}{6}}$ 答

$2\sin\left(\theta+\dfrac{\pi}{3}\right)+1$ が最小となるのは，$\sin\left(\theta+\dfrac{\pi}{3}\right)=\dfrac{1}{2}$ のとき

で，$2\cdot\dfrac{1}{2}+1=2$ より，最小値 2 答

このとき $\theta+\dfrac{\pi}{3}=\dfrac{5}{6}\pi$ から $\underline{\theta=\dfrac{\pi}{2}}$ 答

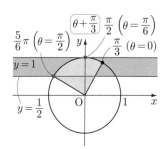

29 | 三角関数の加法定理

1 (1) $\tan(\alpha-\beta)=\dfrac{\tan\alpha-\tan\beta}{1+\tan\alpha\tan\beta}$

$$=\dfrac{(-3\sqrt{3})-\dfrac{\sqrt{3}}{2}}{1+(-3\sqrt{3})\cdot\dfrac{\sqrt{3}}{2}}$$

$$=\dfrac{-\dfrac{7\sqrt{3}}{2}}{-\dfrac{7}{2}}$$

$$=\sqrt{3}\ \boxed{答}$$

POINT　正接の加法定理

$$\tan(\alpha-\beta)=\dfrac{\tan\alpha-\tan\beta}{1+\tan\alpha\tan\beta}$$

〔参考〕　直線 $y=mx$ と x 軸の正の向きとのなす角を θ とするとき，$\tan\theta=m$ となる。2直線 $y=-3\sqrt{3}\,x$，$y=\dfrac{\sqrt{3}}{2}x$ と x 軸の正の向きとのなす角をそれぞれ α，β $\left(\dfrac{\pi}{2}<\alpha<\pi,\ 0<\beta<\dfrac{\pi}{2}\right)$ とすると，2直線のなす角は $\alpha-\beta$ であり，$\tan(\alpha-\beta)=\sqrt{3}$，$0<\alpha-\beta<\pi$ から $\alpha-\beta=\dfrac{\pi}{3}$ であることがわかる。

(2) $\cos 2\theta=\cos(\theta+\theta)=\cos\theta\cos\theta-\sin\theta\sin\theta$ ← 慣れてきたら省略

$\qquad=\cos^2\theta-\sin^2\theta$

$\qquad=\cos^2\theta-(1-\cos^2\theta)$

$\qquad=2\cos^2\theta-1$

よって　$\cos^2\theta=\dfrac{1+\cos 2\theta}{2}$

POINT　2倍角の公式(1)

$\cos(\alpha+\beta)$
$\qquad=\cos\alpha\cos\beta-\sin\alpha\sin\beta$
で，$\alpha=\beta=\theta$ とすると
$\qquad\cos 2\theta=\cos^2\theta-\sin^2\theta$

$\theta=\dfrac{x}{2}$ とすると，$\cos^2\dfrac{x}{2}=\dfrac{1+\cos x}{2}$ ← 半角の公式という

$\cos x=\dfrac{5}{8}$ のとき，$\cos^2\dfrac{x}{2}=\dfrac{1}{2}\cdot\left(1+\dfrac{5}{8}\right)=\dfrac{13}{16}$

$\dfrac{3}{2}\pi<x<2\pi$ のとき，$\dfrac{3}{4}\pi<\dfrac{x}{2}<\pi$ であり $\cos\dfrac{x}{2}<0$

よって，$\cos\dfrac{x}{2}=-\dfrac{\sqrt{13}}{4}$ 答

(3) $\sin\theta+\cos\theta=\dfrac{4}{3}$ の両辺を2乗すると

$\qquad(\sin\theta+\cos\theta)^2=\left(\dfrac{4}{3}\right)^2$ ← $\sin\theta\cos\theta$ をつくるために両辺を2乗する

$\qquad\sin^2\theta+\cos^2\theta+2\sin\theta\cos\theta=\dfrac{16}{9}$ ← $\sin^2\theta+\cos^2\theta=1$

$1+\sin 2\theta=\dfrac{16}{9}$ より $\sin 2\theta=\dfrac{7}{9}$ 答

また，$\sin^2 2\theta + \cos^2 2\theta = 1$ であるので

$$\left(\frac{7}{9}\right)^2 + \cos^2 2\theta = 1$$

$$\cos^2 2\theta = \frac{32}{81}$$

$0 < \theta < \dfrac{\pi}{4}$ のとき $0 < 2\theta < \dfrac{\pi}{2}$ であり，$\cos 2\theta > 0$

よって，$\cos 2\theta = \dfrac{4\sqrt{2}}{9}$

したがって $\sin 4\theta = 2\sin 2\theta \cos 2\theta$

$$= 2 \cdot \frac{7}{9} \cdot \frac{4\sqrt{2}}{9} = \frac{56\sqrt{2}}{81} \boxed{答}$$

2 (1) $r = \sqrt{(\sqrt{3})^2 + 1^2} = \sqrt{4} = 2$ ← $a = \sqrt{3}$，$b = 1$

$$\sqrt{3}\sin\theta + \cos\theta = 2\left(\frac{\sqrt{3}}{2}\sin\theta + \frac{1}{2}\cos\theta\right)$$

$$= 2\left(\cos\frac{\pi}{6}\sin\theta + \sin\frac{\pi}{6}\cos\theta\right)$$

$$= 2\sin\left(\theta + \frac{\pi}{6}\right) \boxed{答}$$

(2) $\cos(x - \alpha) = \cos x \cos\alpha + \sin x \sin\alpha$

であるので，$\cos\alpha = -\dfrac{1}{2}$，$\sin\alpha = \dfrac{\sqrt{3}}{2}$ となるαを求めればよい。

$0 \leqq \alpha < 2\pi$ のとき，$\alpha = \dfrac{2}{3}\pi$ となるので

$$-\frac{1}{2}\cos x + \frac{\sqrt{3}}{2}\sin x = \cos\frac{2}{3}\pi\cos x + \sin\frac{2}{3}\pi\sin x$$

$$= \cos\left(x - \frac{2}{3}\pi\right) \boxed{答}$$

POINT 2倍角の公式(2)

$\sin(\alpha + \beta)$
$= \sin\alpha\cos\beta + \cos\alpha\sin\beta$
で，$\alpha = \beta = \theta$ とすると
$\sin 2\theta = 2\sin\theta\cos\theta$
$\alpha = \beta = 2\theta$ とすると
$\sin 4\theta = 2\sin 2\theta\cos 2\theta$

POINT 三角関数の合成の手順

$a\sin\theta + b\cos\theta = r\sin(\theta + \alpha)$
の変形
［Ⅰ］ $r = \sqrt{a^2 + b^2}$ を求める。
［Ⅱ］ $a\sin\theta + b\cos\theta$
$= r\left(\dfrac{a}{r}\sin\theta + \dfrac{b}{r}\cos\theta\right)$
［Ⅲ］ $\dfrac{a}{r} = \cos\alpha$，$\dfrac{b}{r} = \sin\alpha$ となるαを用いて，$r\sin(\theta + \alpha)$ と表す。

POINT 余弦の加法定理

$\cos(\alpha - \beta)$
$= \cos\alpha\cos\beta + \sin\alpha\sin\beta$

30 三角関数の最大・最小

1 (1) $0 \leqq x \leqq \pi$ のとき，$-1 \leqq \cos x \leqq 1$ である。

$\cos x = t$ とおくと　$-1 \leqq t \leqq 1$

$$y = \cos 2x + 2\cos x \quad \leftarrow \begin{array}{l}\cos 2x = \cos^2 x - \sin^2 x \\ \qquad\qquad = 2\cos^2 x - 1\end{array}$$

$$= (2\cos^2 x - 1) + 2\cos x$$

$$= 2t^2 + 2t - 1$$

$$= 2\left(t + \frac{1}{2}\right)^2 - \frac{3}{2}$$

$-1 \leqq t \leqq 1$ のとき，$t = -\dfrac{1}{2}$ で最小値 $-\dfrac{3}{2}$ 答 をとる。

このときの x の値は $\cos x = -\dfrac{1}{2}$ より　$x = \dfrac{2}{3}\pi$ 答

(2) $\sqrt{(4\sqrt{3})^2 + 4^2} = \sqrt{64} = 8$ より

$$y = 4\sqrt{3}\cos x + 4\sin x + 5$$

$$= 8\left(\frac{1}{2}\sin x + \frac{\sqrt{3}}{2}\cos x\right) + 5$$

$$= 8\left(\cos\frac{\pi}{3}\sin x + \sin\frac{\pi}{3}\cos x\right) + 5$$

$$= 8\sin\left(x + \frac{\pi}{3}\right) + 5$$

$0 \leqq x < 2\pi$ のとき，$\dfrac{\pi}{3} \leqq x + \dfrac{\pi}{3} < \dfrac{7}{3}\pi$ であり

$$-1 \leqq \sin\left(x + \frac{\pi}{3}\right) \leqq 1$$

よって，$\sin\left(x + \dfrac{\pi}{3}\right) = 1$ のとき $8 \cdot 1 + 5 = 13$ より，

　　　最大値 13 答

このときの x の値は $x + \dfrac{\pi}{3} = \dfrac{\pi}{2}$ より　$x = \dfrac{\pi}{6}$ 答

(3) $\sin\theta + \cos\theta = t$ とおくと

$$t = \sin\theta + \cos\theta = \sqrt{2}\sin\left(\theta + \frac{\pi}{4}\right) \quad \leftarrow \boxed{29}\,②$$

$0 \leqq \theta < 2\pi$ のとき，$\dfrac{\pi}{4} \leqq \theta + \dfrac{\pi}{4} < \dfrac{9}{4}\pi$ であり

$-1 \leqq \sin\left(\theta + \dfrac{\pi}{4}\right) \leqq 1$ から　$-\sqrt{2} \leqq t \leqq \sqrt{2}$

$\sin\theta + \cos\theta = t$ の両辺を2乗すると

$$(\sin\theta + \cos\theta)^2 = t^2 \quad \leftarrow \sin\theta\cos\theta をつくるために両辺を2乗する$$

$$\sin^2\theta + \cos^2\theta + 2\sin\theta\cos\theta = t^2 \quad \leftarrow \sin^2\theta + \cos^2\theta = 1$$

$1 + 2\sin\theta\cos\theta = t^2$ より　$2\sin\theta\cos\theta = t^2 - 1$

$$y = 2(\sin\theta + \cos\theta) + 2\sin\theta\cos\theta$$

$$= 2t + (t^2 - 1) = (t + 1)^2 - 2$$

POINT 置き換えの利用

[Ⅰ] $\cos x = t$ などとおく。

[Ⅱ] t のとり得る値の範囲を調べる。

▶ $t = 1$ で最大値 3 をとる。
　このときの x の値は
　$\cos x = 1$ より $x = 0$

POINT 三角関数の
　　　　　合成の手順

$$a\sin\theta + b\cos\theta = r\sin(\theta + \alpha)$$
の変形

[Ⅰ] $r = \sqrt{a^2 + b^2}$ を求める。

[Ⅱ] $a\sin\theta + b\cos\theta$

$$= r\left(\frac{a}{r}\sin\theta + \frac{b}{r}\cos\theta\right)$$

[Ⅲ] $\dfrac{a}{r} = \cos\alpha$，$\dfrac{b}{r} = \sin\alpha$ となる α を用いて，$r\sin(\theta + \alpha)$ と表す。

▶ 最小値は　$8 \cdot (-1) + 5 = -3$
　このときの x の値は
　$x + \dfrac{\pi}{3} = \dfrac{3}{2}\pi$ より $x = \dfrac{7}{6}\pi$

POINT 三角関数の最大・最
　　　　　小（対称式のとき）

[Ⅰ] $\sin\theta + \cos\theta = t$ ……①
とおく。

[Ⅱ] ①の両辺を2乗して，

$$\sin\theta\cos\theta = \frac{t^2 - 1}{2}$$ を導く。

[Ⅲ] ①で，合成により

$$t = \sqrt{2}\sin\left(\theta + \frac{\pi}{4}\right)$$ とし，t のとり得る値の範囲を調べる。

$-\sqrt{2} \leqq t \leqq \sqrt{2}$ のとき, $t=\sqrt{2}$ で<u>最大値 $2\sqrt{2}+1$</u>答
をとる。

このときの θ の値は

$$\sqrt{2}\sin\left(\theta+\frac{\pi}{4}\right)=\sqrt{2} \qquad \sin\left(\theta+\frac{\pi}{4}\right)=1$$

$\theta+\dfrac{\pi}{4}=\dfrac{\pi}{2}$ より $\quad\underline{\theta=\dfrac{\pi}{4}}$答

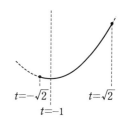

(4) $\sin^2\theta+\cos^2\theta=1$ より $\quad\sin^2\theta=t$ とおくと $\quad\cos^2\theta=1-t$

$0\leqq\theta\leqq\pi$ のとき, $0\leqq\sin\theta\leqq1$, $0\leqq\sin^2\theta\leqq1$ より $0\leqq t\leqq1$

$$\begin{aligned}
y&=\sin^4\theta+\cos^4\theta\\
&=(\sin^2\theta)^2+(\cos^2\theta)^2\\
&=t^2+(1-t)^2\\
&=2t^2-2t+1\\
&=2\left(t-\frac{1}{2}\right)^2+\frac{1}{2}
\end{aligned}$$

$0\leqq t\leqq1$ のとき, $t=\dfrac{1}{2}$ で<u>最小値 $\dfrac{1}{2}$</u>答をとる。

このときの θ の値は

$$\sin^2\theta=\frac{1}{2} \quad かつ \quad 0\leqq\sin\theta\leqq1$$

より $\sin\theta=\dfrac{\sqrt{2}}{2}$ で $\underline{\theta=\dfrac{\pi}{4},\ \dfrac{3}{4}\pi}$答

【別解】 $\sin^2\theta+\cos^2\theta=1$ の両辺を 2 乗すると

$(\sin^2\theta+\cos^2\theta)^2=1^2$ ← $\sin^4\theta+\cos^4\theta$ をつくるために両辺を 2 乗する

$\sin^4\theta+\cos^4\theta+2\sin^2\theta\cos^2\theta=1$

$y=\sin^4\theta+\cos^4\theta=1-2\sin^2\theta\cos^2\theta$

$\quad=1-\dfrac{1}{2}\cdot(2\sin\theta\cos\theta)^2=1-\dfrac{1}{2}\cdot(\sin2\theta)^2$ ← 1 つの三角関数にまとめた

$0\leqq\theta\leqq\pi$ のとき, $0\leqq2\theta\leqq2\pi$ より $-1\leqq\sin2\theta\leqq1$

$\sin2\theta=t$ とおくと $\quad-1\leqq t\leqq1$

$$y=-\frac{1}{2}t^2+1$$

y は $t=1$, -1 のとき<u>最小値 $\dfrac{1}{2}$</u>答をとる。このときの θ の値は

$\sin2\theta=1$ より $\quad2\theta=\dfrac{\pi}{2}$ から $\quad\theta=\dfrac{\pi}{4}$

$\sin2\theta=-1$ より $\quad2\theta=\dfrac{3}{2}\pi$ から $\quad\theta=\dfrac{3}{4}\pi$

となり, $\underline{\theta=\dfrac{\pi}{4},\ \dfrac{3}{4}\pi}$答

▶ $t=-1$ で最小値 -2 をとる。

このときの θ の値は

$$\sqrt{2}\sin\left(\theta+\frac{\pi}{4}\right)=-1$$

$$\sin\left(\theta+\frac{\pi}{4}\right)=-\frac{\sqrt{2}}{2}$$

$\theta+\dfrac{\pi}{4}=\dfrac{5}{4}\pi,\ \dfrac{7}{4}\pi$ より

$$\theta=\pi,\ \frac{3}{2}\pi$$

▶ $t=0$, 1 で最大値 1 をとる。

このときの θ の値は

$\sin\theta=0$, 1 より

$$\theta=0,\ \frac{\pi}{2},\ \pi$$

31 指数と対数

1 (1) それぞれを 18 乗すると

$$(\sqrt{2})^{18} = (2^{\frac{1}{2}})^{18} = 2^9 = 512 \quad \leftarrow (a^r)^s = a^{rs}$$

$$(\sqrt[3]{4})^{18} = (4^{\frac{1}{3}})^{18} = 4^6 = 4096$$

$$(\sqrt[6]{8})^{18} = (8^{\frac{1}{6}})^{18} = 8^3 = 512 \quad \leftarrow \sqrt[6]{8} \text{ は } 6 \text{ 乗すると } 8 \text{ になる}$$

$$(\sqrt[9]{32})^{18} = (32^{\frac{1}{9}})^{18} = 32^2 = 1024 \quad \leftarrow \sqrt[9]{32} \text{ は } 9 \text{ 乗すると } 32 \text{ になる}$$

したがって，最大のものは $\sqrt[3]{4}$ **答**

【別解】 $\sqrt{2} = 2^{\frac{1}{2}}$, $\sqrt[3]{4} = (2^2)^{\frac{1}{3}} = 2^{\frac{2}{3}}$, $\sqrt[6]{8} = (2^3)^{\frac{1}{6}} = 2^{\frac{1}{2}}$,

$\sqrt[9]{32} = (2^5)^{\frac{1}{9}} = 2^{\frac{5}{9}}$ であり，底が 2（1 より大きい）で共通であることから，指数が最大となる $\sqrt[3]{4}$ **答** が最大であるとしてもよい。

(2) $(\sqrt[3]{9} - \sqrt[3]{6} + \sqrt[3]{4})(\sqrt[3]{3} + \sqrt[3]{2})$ $\leftarrow \sqrt[3]{3} = a,\ \sqrt[3]{2} = b$ とすると

$$= \sqrt[3]{27} + \sqrt[3]{18} - \sqrt[3]{18} - \sqrt[3]{12} + \sqrt[3]{12} + \sqrt[3]{8} \quad (a^2 - ab + b^2)(a+b) = a^3 + b^3$$

$$= \sqrt[3]{3^3} + \sqrt[3]{2^3}$$

$$= 3 + 2 = 5 \text{ 答}$$

2 (1) $x = \log_2 3$ のとき $2^x = 3$

$$4^x = (2^2)^x = 2^{2x} \quad \leftarrow \text{慣れてきたら省略}$$

$$= (2^x)^2 = 3^2 = 9$$

よって，$4^x + 4^{-x} = 9 + \dfrac{1}{9} = \dfrac{82}{9}$ **答** $\leftarrow 4^{-x} = (4^x)^{-1} = \dfrac{1}{4^x}$

(2) $\log_2 120 - \log_2 24 - \log_2 5$

$$= \log_2 \frac{120}{24 \times 5}$$

$$= \log_2 1 = \log_2 2^0 = 0 \text{ 答}$$

(3) $\log_{16} 125 \cdot \log_{25} 256$

$$= \frac{\log_2 125}{\log_2 16} \cdot \frac{\log_2 256}{\log_2 25} \quad \leftarrow \text{底が } 2 \text{ の対数に変換する}$$

$$= \frac{\log_2 5^3}{\log_2 2^4} \cdot \frac{\log_2 2^8}{\log_2 5^2}$$

$$= \frac{3\log_2 5}{4} \cdot \frac{8}{2\log_2 5} = 3 \text{ 答}$$

(4) $4\log_8 \sqrt{2} - \dfrac{1}{2}\log_8 6 + \log_8 \dfrac{\sqrt{6}}{2}$

$$= \log_8 (\sqrt{2})^4 - \log_8 6^{\frac{1}{2}} + \log_8 \frac{\sqrt{6}}{2}$$

$$= \log_8 4 - \log_8 \sqrt{6} + \log_8 \frac{\sqrt{6}}{2}$$

$$= \log_8 \left(\frac{4}{\sqrt{6}} \cdot \frac{\sqrt{6}}{2}\right) = \log_8 2 = \frac{\log_2 2}{\log_2 8} = \frac{1}{3} \text{ 答} \quad \leftarrow \text{底が } 2 \text{ の対数に変換する}$$

POINT 指数の拡張

$a > 0$ で，m, n が正の整数のとき

$$\sqrt[n]{a^m} = a^{\frac{m}{n}}$$

とくに，$\sqrt[n]{a^n} = a$

POINT 対数の性質(1)

$a > 0$, $a \neq 1$, $M > 0$, p は実数とする。

$$a^p = M \iff p = \log_a M$$

とくに，$a^0 = 1$ より $\log_a 1 = 0$,
$a^1 = a$ より $\log_a a = 1$

POINT 対数の性質(2)

$a > 0$, $a \neq 1$, $M > 0$, $N > 0$, p, n は実数とする。

$$n\log_a M = \log_a M^n$$

$$\log_a M + \log_a N = \log_a MN$$

$$\log_a M - \log_a N = \log_a \frac{M}{N}$$

POINT 対数の性質(3)

$a > 0$, $a \neq 1$, $b > 0$, $c > 0$, $c \neq 1$ とする。

$$\log_a b = \frac{\log_c b}{\log_c a}$$

（底の変換公式）

32 指数関数の最大・最小

1 (1) $9 \cdot 3^x > 0$, $3^{-x} > 0$ であるから

相加平均と相乗平均の関係により

$$9 \cdot 3^x + 3^{-x} \geqq 2\sqrt{9 \cdot 3^x \cdot 3^{-x}} \quad \leftarrow A = 9 \cdot 3^x,\ B = 3^{-x}$$

よって，$t \geqq 6$ $\leftarrow 3^x \cdot 3^{-x} = 3^0 = 1$

等号が成り立つのは，$9 \cdot 3^x = 3^{-x}$ のときであり

$$(3^x)^2 = \frac{1}{9} \qquad 3^x = \frac{1}{3} \quad \leftarrow 3^x > 0 \text{ に注意}$$

すなわち $x = -1$ のとき。

したがって，最小値 6 答，このとき $x = -1$ 答

相加平均と相乗平均の関係

$A > 0$, $B > 0$ のとき

$$\frac{A+B}{2} \geqq \sqrt{AB}$$

等号が成り立つのは $A = B$ のとき。

(2) $1 \leqq x \leqq 4$ のとき，$2^x = t$ とおくと

$2 \leqq t \leqq 16$

$$4^x = (2^2)^x = 2^{2x} = (2^x)^2 = t^2 \text{ であるので}$$

$$y = 4^x - 8 \cdot 2^x - 16 = t^2 - 8t - 16$$

$$= (t-4)^2 - 32$$

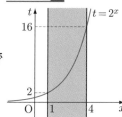

$t = 4$ のとき最小値 -32 答 をとり，

このときの x の値は $2^x = 4$ から $x = 2$ 答 $\leftarrow t = 16$ のとき最大値 112 をとる。このとき $x = 4$

POINT $y = 4^x + 2^x$ のタイプの最大・最小

$2^x = t$ とおくと $y = t^2 + t$

t のとる値の範囲に注意する。

(3) $0 \leqq x \leqq 3$ のとき，$\left(\dfrac{1}{3}\right)^x = t$ とおくと $\dfrac{1}{27} \leqq t \leqq 1$

$$\left(\frac{1}{3}\right)^{2x} = \left\{\left(\frac{1}{3}\right)^x\right\}^2 = t^2,\quad \left(\frac{1}{3}\right)^{x+2} = \left(\frac{1}{3}\right)^x \left(\frac{1}{3}\right)^2 = \frac{1}{9}t \text{ であるので}$$

$$y = \left(\frac{1}{3}\right)^{2x} - 2 \cdot \left(\frac{1}{3}\right)^{x+2} = t^2 - \frac{2}{9}t = \left(t - \frac{1}{9}\right)^2 - \frac{1}{81}$$

$t = 1$ のとき最大値 $\dfrac{7}{9}$ 答 をとり，このときの x の値は

$$\left(\frac{1}{3}\right)^x = 1 \text{ から } x = 0 \text{ 答 } \leftarrow t = \frac{1}{9} \text{ のとき 最小値} -\frac{1}{81} \text{ をとる。このとき } x = 2$$

▶ $0 < a < 1$ のとき

$y = a^x$ は単調に減少する関数

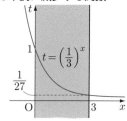

(4) $3^x + 3^{-x} = t$ とおくと，相加平均と相乗平均の関係により

$$3^x + 3^{-x} \geqq 2\sqrt{3^x \cdot 3^{-x}} \qquad t \geqq 2$$

等号が成り立つのは，$3^x = 3^{-x}$ のときであり $x = -x$

すなわち $x = 0$ のとき。

また，$(3^x + 3^{-x})^2 = t^2$ より $9^x + 2 + 9^{-x} = t^2$

$9^x + 9^{-x} = t^2 - 2$ であるので

$$y = 9^x + 9^{-x} - 6 \cdot (3^x + 3^{-x}) + 13 = (t^2 - 2) - 6t + 13$$

$$= t^2 - 6t + 11 = (t-3)^2 + 2$$

$t \geqq 2$ であるので，$t = 3$ のとき最小値 2 答 をとる。

POINT $y = 4^x + 4^{-x} + 2^x + 2^{-x}$ のタイプの最大・最小

[I] $2^x + 2^{-x} = t$ とおく。

[II] t のとる値の範囲は相加平均と相乗平均の関係から求める。

[III] [I]の両辺を 2 乗して $4^x + 4^{-x} = t^2 - 2$ を導く。

〔参考〕 $t = 3$ となるときの x の値は，$3^x + 3^{-x} = 3$ の解であり，$3^x = u$ $(u > 0)$ とおくと

$$u + \frac{1}{u} = 3 \qquad u^2 - 3u + 1 = 0 \text{ より } u = \frac{3 \pm \sqrt{5}}{2}$$

$$3^x = \frac{3 \pm \sqrt{5}}{2} \text{ から，} x = \log_3 \frac{3 \pm \sqrt{5}}{2} \text{ のときとなる。}$$

33 対数関数を含む方程式

1 (1)　$\log_3 x = t$ とおくと，$\log_3 x^3 = 3\log_3 x = 3t$

$(\log_3 x)^2 - \log_3 x^3 - 10 = 0$ を t を用いて表すと

$t^2 - 3t - 10 = 0$　　$(t-5)(t+2) = 0$ から　$t = 5,\ -2$

$t = 5$ のとき $\log_3 x = 5$ ゆえに $x = 3^5 = 243$

$t = -2$ のとき $\log_3 x = -2$ ゆえに $x = 3^{-2} = \dfrac{1}{9}$

したがって，$\underline{x = \dfrac{1}{9},\ 243}$ 答

> **POINT** 対数関数を含む
> 方程式(1)
>
> 対数関数を含む方程式では，$\log_a x = t$ とおいて t の方程式を解くパターンがある。

(2)　$\log_2 x = t$ とおくと，$\log_2 \dfrac{x}{4} = \log_2 x - \log_2 4 = t - 2$，$\log_2 \dfrac{x}{8} = \log_2 x - \log_2 8 = t - 3$

$\left(\log_2 \dfrac{x}{4}\right)\left(\log_2 \dfrac{x}{8}\right) = 20$ を t を用いて表すと

$(t-2)(t-3) = 20$　　$t^2 - 5t - 14 = 0$　　$(t-7)(t+2) = 0$ から　$t = 7,\ -2$

$t = 7$ のとき $\log_2 x = 7$ ゆえに $x = 2^7 = 128$

$t = -2$ のとき $\log_2 x = -2$ ゆえに $x = 2^{-2} = \dfrac{1}{4}$

したがって，$\underline{x = \dfrac{1}{4},\ 128}$ 答

(3)　真数は正であるから，$x - 8 > 0$ かつ $23 - x > 0$ より

$8 < x < 23$　……①

$2\log_2(x-8) = 2 + \log_2(23-x)$

$\log_2(x-8)^2 = \log_2 4 + \log_2(23-x)$

$\log_2(x-8)^2 = \log_2 4(23-x)$

よって　$(x-8)^2 = 4(23-x)$

$x^2 - 12x - 28 = 0$　　$(x-14)(x+2) = 0$

①により，解は $\underline{x = 14}$ 答

> **POINT** 対数関数を含む
> 方程式(2)
>
> 対数関数を含む方程式では，両辺をそれぞれ 1 つの対数に変形して，$\log_a P = \log_a Q$ のとき $P = Q$ を利用するパターンがある。
> 真数が正である条件をはじめに扱っておくことに注意する。

2 (1)　$\log_{10} 2^{90} = 90\log_{10} 2 = 90 \times 0.3010 = 27.09$

ゆえに　$27 < \log_{10} 2^{90} < 28$

よって　$10^{27} < 2^{90} < 10^{28}$

したがって　2^{90} は $\underline{28\ 桁}$ 答 の整数である。

> **POINT** a^n の桁数
>
> a^n の桁数が N のとき
> $10^{N-1} \leqq a^n < 10^N$

(2)　$\log_{10} 12 = \log_{10}(2^2 \cdot 3) = 2\log_{10} 2 + \log_{10} 3$

$\phantom{\log_{10} 12} = 2 \times 0.3010 + 0.4771 = 1.0791$

$2^n < 12^{10}$ の両辺の常用対数をとると

$\log_{10} 2^n < \log_{10} 12^{10}$

$n\log_{10} 2 < 10\log_{10} 12$

$n \times 0.3010 < 10 \times 1.0791$

ゆえに　$n < \dfrac{10.791}{0.3010} = 35.8\cdots$

したがって，求める最大の整数 n は $\underline{35}$ 答

> **POINT** 常用対数の大小
>
> 常用対数の底 10 は 1 より大きいので，$0 < P < Q$ のとき
> $\log_{10} P < \log_{10} Q$

34 極限値，導関数

1 (1) $\displaystyle\lim_{x\to 1}\frac{x^2+x-2}{x^3-1}=\lim_{x\to 1}\frac{(x-1)(x+2)}{(x-1)(x^2+x+1)}$

$$=\lim_{x\to 1}\frac{x+2}{x^2+x+1}=\frac{1+2}{1+1+1}=1 \text{【答】}$$

(2) $\displaystyle\lim_{h\to 0}\frac{(1+h)^3-(1+3h)}{h^2}$

$$=\lim_{h\to 0}\frac{(1+3h+3h^2+h^3)-(1+3h)}{h^2}$$

$$=\lim_{h\to 0}\frac{3h^2+h^3}{h^2}=\lim_{h\to 0}(3+h)=3 \text{【答】}$$

(3) $\displaystyle\lim_{h\to 0}\frac{(x+h)^4-x^4}{h}$

$$=\lim_{h\to 0}\frac{4hx^3+6h^2x^2+4h^3x+h^4}{h}$$

$$=\lim_{h\to 0}(4x^3+6hx^2+4h^2x+h^3)=4x^3 \text{【答】} \leftarrow (x^4)'=4x^3を導いた$$

2 (1) $f(x)$ の平均変化率は

$$\frac{f(3)-f(0)}{3-0}=\frac{6-0}{3}=2 \text{【答】}$$

(2) $\displaystyle f'(c)=\lim_{h\to 0}\frac{f(c+h)-f(c)}{h}$

$$=\lim_{h\to 0}\frac{\{(c+h)^3-9(c+h)^2+20(c+h)\}-(c^3-9c^2+20c)}{h}$$

$$=\lim_{h\to 0}\frac{3hc^2+3h^2c+h^3-18hc-9h^2+20h}{h}$$

$$=\lim_{h\to 0}(3c^2+3hc+h^2-18c-9h+20)$$

$$=3c^2-18c+20 \text{【答】}$$

〔参考〕 (1)で求めた平均変化率と(2)での微分係数が等しいときの c の値について考えてみよう。

$0<c<3$ とすると，右の図において平均変化率は直線 OA の傾き，微分係数は $x=c$ に対応する曲線上の点Bにおける接線の傾きを表しているので，接線が OA と平行になるときの c の値を考えることになる。

このときの c の値を求めると

$f'(c)=2$ のとき　$3c^2-18c+20=2$

$c^2-6c+6=0$

$0<c<3$ より　$c=3-\sqrt{3}$　である。

POINT　分数式の極限値

分母・分子がそれぞれ 0 に近づく場合は，因数分解を利用した約分を用いて極限値を求める。

▶ $(a+b)^3=a^3+3a^2b+3ab^2+b^3$
$(a+b)^4=a^4+4a^3b+6a^2b^2+4ab^3+b^4$

POINT　平均変化率

x が a から b まで変わるとき，$f(x)$ の平均変化率は

$$\frac{f(b)-f(a)}{b-a}$$

POINT　微分係数

$f(x)$ の $x=c$ における微分係数は

$$f'(c)=\lim_{h\to 0}\frac{f(c+h)-f(c)}{h}$$

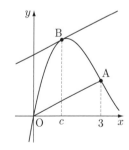

35 接線の方程式，関数の増減

1 (1)　$f(x)=x^3-2x^2-1$ のとき

$$f'(x)=3x^2-4x$$

ゆえに　$f'(2)=3\cdot2^2-4\cdot2=4$

点 $(2,\ -1)$ における接線の方程式は

$$y-(-1)=4(x-2)$$

$$\underline{y=4x-9}\ \text{答}$$

(2)　$y=x^2-1$ のとき　$y'=2x$

点 $(t,\ t^2-1)$ における接線の方程式は

$$y-(t^2-1)=2t(x-t)\ \text{から}$$

$$y=2tx-t^2-1$$

この直線が点 $(1,\ -4)$ を通るから

$$-4=2t\cdot1-t^2-1\qquad t^2-2t-3=0$$

$$(t+1)(t-3)=0\qquad t=-1,\ 3$$

$t=-1$ のとき，接点は $(-1,\ 0)$ で，

接線の傾きは　$2\cdot(-1)=-2$

接線の方程式は　　$y-0=-2\{x-(-1)\}$

$\underline{y=-2x-2}\ \text{答}$　←$y=2tx-t^2-1$ で $t=-1$ のとき

$t=3$ のとき，接点は $(3,\ 8)$ で，

接線の傾きは　$2\cdot3=6$

接線の方程式は　$y-8=6(x-3)$　　$\underline{y=6x-10}\ \text{答}$　←$y=2tx-t^2-1$ で $t=3$ のとき

【別解】　この問題では，微分法を用いずに解くこともできる。

点 $(1,\ -4)$ を通る接線の方程式を $y=m(x-1)-4$ とおく。　←直線 $x=1$ は接線とならない

放物線 $y=x^2-1$ と接するとき，$x^2-1=m(x-1)-4$ が重解をもつので，$x^2-mx+m+3=0$

の（判別式）$=0$ より

$$(-m)^2-4\cdot1\cdot(m+3)=0$$

$$(m+2)(m-6)=0\ \text{から}\quad m=-2,\ 6$$

求める接線の方程式は　$y=-2(x-1)-4,\ y=6(x-1)-4$

すなわち　$\underline{y=-2x-2,\ y=6x-10}\ \text{答}$ となる。

(3)　$y=x^3-5x$ のとき，$y'=3x^2-5$

点 $(t,\ t^3-5t)$ における接線の方程式は

$$y-(t^3-5t)=(3t^2-5)(x-t)$$

$$y=(3t^2-5)x-2t^3$$

この直線が点 $(1,\ 0)$ を通るから

$$0=(3t^2-5)\cdot1-2t^3\qquad 2t^3-3t^2+5=0$$

$$(t+1)(2t^2-5t+5)=0$$

$2t^2-5t+5=0$ の判別式をDとすると

$$D=(-5)^2-4\cdot2\cdot5=-15<0$$

であるので，実数解は　$t=-1$　←$2t^2-5t+5=0$ は実数解をもたない

POINT 関数 x^n の導関数

$(x^n)'=nx^{n-1}$ （n は正の整数）

$(c)'=0$ （c は定数）

POINT 接線の方程式

曲線 $y=f(x)$ 上の点 $(a,\ f(a))$ における接線の方程式

$$y-f(a)=f'(a)(x-a)$$

POINT 接点が不明な
接線の方程式

接点を $(t,\ f(t))$ とおき

$$y-f(t)=f'(t)(x-t)$$

が与えられた条件を満たすように t の方程式をつくり，t の値を求める。（t は接点の x 座標なので，実数解のみを扱う。）

$t=-1$ のとき，接点は $(-1,\ 4)$ で，

接線の傾きは　$3\cdot(-1)^2-5=-2$

接線の方程式は　$y-4=-2\{x-(-1)\}$　$\underline{y=-2x+2}$ 答

2 (1) $y=2x^3-3x^2+5$ のとき

$y'=6x^2-6x$

$=6x(x-1)$

$y'=0$ とすると　$x=0,\ 1$

y の増減表は次のようになる。

x	……	0	……	1	……
y'	+	0	−	0	+
y	↗	極大 5	↘	極小 4	↗

ゆえに，y は $\underline{x=0 \text{ で極大値 } 5,\ x=1 \text{ で極小値 } 4}$ 答 をとる。

POINT 関数 $f(x)$ の増減

(1) $f'(x)=0$ となる x の値を求める。

(2) $f'(x)>0$ の区間で単調に増加，$f'(x)<0$ の区間で単調に減少。

(3) $f'(x)$ の符号が $x=a$ の前後で正から負に変わるとき $f(a)$ は極大値となり，負から正に変わるとき $f(a)$ は極小値となる。

〔参考〕 $y=2x^3-3x^2+5$ のグラフは右の図のようになる。

このグラフから，以下のことがわかる。

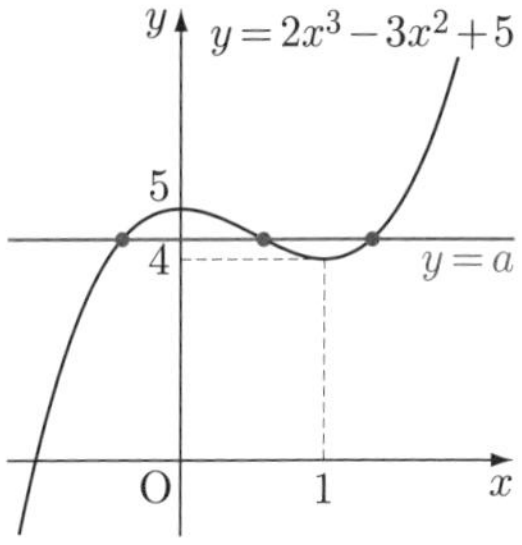

① $y=2x^3-3x^2+5$ のグラフと x 軸 $(y=0)$ の共有点はただ1つ存在し，その共有点は x 軸の $x<0$ の部分にある。このことから，3次方程式 $2x^3-3x^2+5=0$ は実数解を1個もち，その解は負の数である。

② a を定数とするとき，$y=2x^3-3x^2+5$ のグラフと直線 $y=a$ の共有点の個数が3個となるのは，$4<a<5$ のときである。共有点の x 座標は $2x^3-3x^2+5=a$ の解であるので，3次方程式 $2x^3-3x^2+5-a=0$ は，$4<a<5$ のとき相異なる3個の実数解をもつ。

(2) $y=-2x^3+3x^2+12x$ のとき

$y'=-6x^2+6x+12=-6(x+1)(x-2)$

$y'=0$ とすると　$x=-1,\ 2$

y の増減表は次のようになる。 ← x^3 の係数が負の数であることに注意する

x	……	−1	……	2	……
y'	−	0	+	0	−
y	↘	極小 −7	↗	極大 20	↘

ゆえに，y は $\underline{x=-1 \text{ で極小値 } -7,\ x=2 \text{ で極大値 } 20}$ 答 をとる。

〔参考〕 例えば，区間 $0\leqq x\leqq 4$ において関数 $y=-2x^3+3x^2+12x$ の最大値，最小値を求めようとする場合の増減表は次のようになり，この場合，$x=2$ で最大値 20，$x=4$ で最小値 -32 をとる。

x	0	……	2	……	4
y'		+	0	−	
y	0	↗	20	↘	−32

36 不定積分と定積分

1 (1)　$f'(x)=2x-2$

$$f(x)=\int(2x-2)\,dx=x^2-2x+C$$

$f(-1)=0$ より　$(-1)^2-2\cdot(-1)+C=0$

$C=-3$ となり　$\underline{f(x)=x^2-2x-3}$ 答

(2)　接線についての条件より　$f'(x)=x^2-2x$

$$f(x)=\int(x^2-2x)\,dx=\frac{1}{3}x^3-x^2+C$$

$f(3)=-1$ より　$\dfrac{1}{3}\cdot3^3-3^2+C=-1$

$C=-1$ となり　曲線の方程式は　$\underline{y=\dfrac{1}{3}x^3-x^2-1}$ 答

(3)　$\displaystyle\int_{-1}^{2}(2x+1)(x-2)\,dx=\int_{-1}^{2}(2x^2-3x-2)\,dx$

$$=\left[\frac{2}{3}x^3-\frac{3}{2}x^2-2x\right]_{-1}^{2}$$

$$=\left(\frac{2}{3}\cdot8-\frac{3}{2}\cdot4-2\cdot2\right)-\left\{\frac{2}{3}\cdot(-1)-\frac{3}{2}\cdot1-2\cdot(-1)\right\}=\underline{-\frac{9}{2}}$$ 答

2 (1)　$\displaystyle\int_{a}^{x}f(t)\,dt=x^2-2x-8$　……①

①の両辺を x で微分して　$\underline{f(x)=2x-2}$ 答

①に $x=a$ を代入すると　$0=a^2-2a-8$

$(a+2)(a-4)=0$　ゆえに　$\underline{a=-2,\ 4}$ 答

(2)　$\displaystyle\int_{-1}^{1}f(t)\,dt=k$ とおくと，$f(x)=3x^2+5x+k$

よって　$\displaystyle\int_{-1}^{1}f(t)\,dt=\int_{-1}^{1}(3t^2+5t+k)\,dt$

$$=\left[t^3+\frac{5}{2}t^2+kt\right]_{-1}^{1}=\left(\frac{7}{2}+k\right)-\left(\frac{3}{2}-k\right)=2k+2$$

ゆえに　$2k+2=k$ より　$k=-2$

したがって　$\underline{f(x)=3x^2+5x-2}$ 答

(3)　$\displaystyle\int_{0}^{1}f(t)\,dt=k$ とおくと，$f'(x)=x^2+2kx$

$$f(x)=\int(x^2+2kx)\,dx=\frac{1}{3}x^3+kx^2+C$$

$f(0)=1$ から　$C=1$ となり　$f(x)=\dfrac{1}{3}x^3+kx^2+1$

よって　$\displaystyle\int_{0}^{1}f(t)\,dt=\int_{0}^{1}\left(\frac{1}{3}t^3+kt^2+1\right)dt$

$$=\left[\frac{1}{12}t^4+\frac{k}{3}t^3+t\right]_{0}^{1}=\frac{13}{12}+\frac{k}{3}$$

ゆえに　$\dfrac{13}{12}+\dfrac{k}{3}=k$ より　$k=\dfrac{13}{8}$　したがって　$\underline{\displaystyle\int_{0}^{1}f(t)\,dt=\frac{13}{8}}$ 答

POINT　不定積分

(1)　$F'(x)=f(x)$

$\quad\Longleftrightarrow\ \displaystyle\int f(x)\,dx=F(x)+C$

$\qquad\qquad$（C は積分定数）

(2)　$\displaystyle\int x^n\,dx=\frac{1}{n+1}x^{n+1}+C$

$\qquad$（n は 0 または正の整数）

POINT　定積分

$\displaystyle\int_{a}^{b}f(x)\,dx=\Big[F(x)\Big]_{a}^{b}$

$\qquad\quad=F(b)-F(a)$

POINT　$\displaystyle\int_{a}^{x}f(t)\,dt$（$a$ は定数）を含む関数

(1)　$\left\{\displaystyle\int_{a}^{x}f(t)\,dt\right\}'=f(x)$ を利用する。

(2)　$\displaystyle\int_{a}^{a}f(t)\,dt=0$ を利用する。

▶ **36** ① **POINT** (4)より

$$\int_{-1}^{1}(3t^2+5t+k)\,dt$$

$$=2\int_{0}^{1}(3t^2+k)\,dt$$

としてもよい。

POINT　$\displaystyle\int_{0}^{1}f(t)\,dt$ を含む関数

[Ⅰ]　$\displaystyle\int_{0}^{1}f(t)\,dt=k$ とおく。

[Ⅱ]　$f(x)$ を $x,\ k$ を用いて表す。

[Ⅲ]　$\displaystyle\int_{0}^{1}f(t)\,dt$ を計算して，k の方程式をつくる。

37 面　積

1 (1) $\displaystyle S=\int_0^2 4(x-2)^2\,dx=\int_0^2 (4x^2-16x+16)\,dx$

$\displaystyle =\left[\frac{4}{3}x^3-8x^2+16x\right]_0^2=\frac{4}{3}\cdot 8-8\cdot 4+16\cdot 2=\frac{32}{3}$ 答

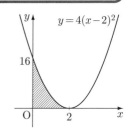

【別解】 $\displaystyle \int (x-a)^2\,dx=\frac{1}{3}(x-a)^3+C$ を用いると

$\displaystyle S=\int_0^2 4(x-2)^2\,dx=\left[4\cdot\frac{1}{3}(x-2)^3\right]_0^2=0-4\cdot\frac{1}{3}\cdot(-2)^3=\frac{32}{3}$ 答

(2) 曲線 $y=(x-1)(x-2)(x-3)$ の概形は右の図のようになる。

$\displaystyle S=\int_1^2 (x-1)(x-2)(x-3)\,dx+\int_2^3 \{-(x-1)(x-2)(x-3)\}\,dx$

$\displaystyle =\int_1^2 (x^3-6x^2+11x-6)\,dx-\int_2^3 (x^3-6x^2+11x-6)\,dx$

$\displaystyle =\left[\frac{1}{4}x^4-2x^3+\frac{11}{2}x^2-6x\right]_1^2-\left[\frac{1}{4}x^4-2x^3+\frac{11}{2}x^2-6x\right]_2^3$

$\displaystyle =\left\{(-2)-\left(-\frac{9}{4}\right)\right\}-\left\{\left(-\frac{9}{4}\right)-(-2)\right\}=\frac{1}{2}$ 答

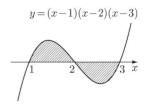

(3) 求める面積は，右の図の斜線部分となる。

$\displaystyle S=\int_0^4 \left\{(-x+6)-\left(-\frac{1}{2}x^2+3x-2\right)\right\}dx=\int_0^4 \left(\frac{1}{2}x^2-4x+8\right)dx$

$\displaystyle =\left[\frac{1}{6}x^3-2x^2+8x\right]_0^4=\frac{1}{6}\cdot 64-2\cdot 16+8\cdot 4=\frac{32}{3}$ 答

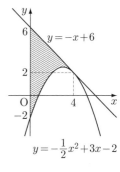

【別解】 $\displaystyle S=\int_0^4 \frac{1}{2}(x-4)^2\,dx=\left[\frac{1}{2}\cdot\frac{1}{3}(x-4)^3\right]_0^4=\frac{32}{3}$ 答

2 (1) 共有点の x 座標は $(x-6)^2=3x$ の実数解

$x^2-15x+36=0 \qquad (x-3)(x-12)=0$ より，$x=3,\ 12$

$\displaystyle S=\int_3^{12} \{3x-(x-6)^2\}\,dx=\int_3^{12} \{-(x^2-15x+36)\}\,dx$

$\displaystyle =-\int_3^{12} (x-3)(x-12)\,dx$

$\displaystyle =-\left\{-\frac{1}{6}(12-3)^3\right\}=\frac{1}{6}\cdot 9^3=\frac{243}{2}$ 答

(2) 共有点の x 座標は $x^2+1=-x^2+2x+4$ の実数解

$2x^2-2x-3=0$ より，$x=\dfrac{1\pm\sqrt{7}}{2}$

$\alpha=\dfrac{1-\sqrt{7}}{2}$, $\beta=\dfrac{1+\sqrt{7}}{2}$ とおくと，

$2x^2-2x-3=2(x-\alpha)(x-\beta)$ であり，$\beta-\alpha=\sqrt{7}$

$\displaystyle S=\int_\alpha^\beta \{(-x^2+2x+4)-(x^2+1)\}\,dx=\int_\alpha^\beta \{-(2x^2-2x-3)\}\,dx$

$\displaystyle =-2\int_\alpha^\beta (x-\alpha)(x-\beta)\,dx$ ← x^2 の係数に注意する

$\displaystyle =-2\left\{-\frac{1}{6}(\beta-\alpha)^3\right\}=\frac{1}{3}\cdot(\sqrt{7})^3=\frac{7\sqrt{7}}{3}$ 答

38 等差数列，等比数列

1 (1) 一般項は $a_n = a + (n-1)d$

$a_{11} = 203$ から $a + 10d = 203$ ……①

$a_{50} = 515$ から $a + 49d = 515$ ……②

①，②から，$39d = 312$ となり $\underline{d = 8}$ 答

①より $a + 80 = 203$ $\underline{a = 123}$ 答

> **POINT** 等差数列
>
> 初項 a，公差 d の等差数列 $\{a_n\}$
> (1) 一般項は $a_n = a + (n-1)d$
> (2) 初項から第 n 項までの和 S_n は
> $$S_n = \frac{n(a_1 + a_n)}{2}$$
> $$= \frac{n\{2a + (n-1)d\}}{2}$$

(2) $7 \cdot 28 + 2 = 198$，$7 \cdot 29 + 2 = 205$ であるので，初項は $a_1 = 205$ である。

一般項は $a_n = 205 + (n-1) \cdot 7 = 7n + 198$

$7n + 198 \leqq 300$ から $n \leqq 14 + \dfrac{4}{7}$

この等差数列の末項は $a_{14} = 7 \cdot 14 + 198 = 296$

項数は 14 であるので，求める和は $\dfrac{14(a_1 + a_{14})}{2} = \dfrac{14(205 + 296)}{2} = \underline{3507}$ 答

(3) $a_n = 55 + (n-1) \cdot (-6) = -6n + 61$

$$S_n = \frac{n(55 - 6n + 61)}{2} = -3n^2 + 58n = -3\left(n - \frac{29}{3}\right)^2 + \frac{841}{3}$$

$9 < \dfrac{29}{3} < 10$ であり，$10 - \dfrac{29}{3} < \dfrac{29}{3} - 9$ より ← $n = 9$ よりも $n = 10$ の方が $\dfrac{29}{3}$ に近い

S_n が最大になるのは $n = 10$ のときで，最大値は ← n は自然数であることに注意する

$$S_{10} = -3 \cdot 10^2 + 58 \cdot 10 = \underline{280}$$ 答

〔参考〕 $a_n > 0$ となる n の範囲を求めると $-6n + 61 > 0$ から $n \leqq 10$ のときとなり，初項から第 10 項までの和が最大になると考えることもできる。

2 (1) 一般項は $a_n = ar^{n-1}$

$a_{10} = 32$ から $ar^9 = 32 = 2^5$ ……①

$a_{15} = 1024$ から $ar^{14} = 1024 = 2^{10}$ ……②

②から $ar^9 r^5 = 2^{10}$ ①より $2^5 \cdot r^5 = 2^{10}$ ← $\dfrac{ar^{14}}{ar^9} = \dfrac{2^{10}}{2^5}$ より $r^5 = 2^5$ としてもよい

$r^5 = 2^5$ となり $\underline{r = 2}$ 答

①より $a \cdot 2^9 = 2^5$ $a = 2^{-4} = \underline{\dfrac{1}{16}}$ 答

> **POINT** 等比数列
>
> 初項 a，公比 r の等比数列 $\{a_n\}$
> (1) 一般項は $a_n = ar^{n-1}$
> (2) 初項から第 n 項までの和 S_n は
> $r \neq 1$ のとき $S_n = \dfrac{a(r^n - 1)}{r-1}$
> $$= \dfrac{a(1 - r^n)}{1 - r}$$
> $r = 1$ のとき $S_n = na$

(2) 初項を a，公比を r とすると

$a_1 + a_2 = 72$ から $a + ar = 72$ ……①

$a_3 = 6$ から $ar^2 = 6$ ……②

②より $a = \dfrac{6}{r^2}$ と①から $\dfrac{6}{r^2} + \dfrac{6}{r^2} \cdot r = 72$ $6 + 6 \cdot r = 72r^2$ $12r^2 - r - 1 = 0$

$(4r+1)(3r-1) = 0$ $r < 0$ より $r = -\dfrac{1}{4}$ $a = \dfrac{6}{r^2} = 6 \cdot \left(\dfrac{1}{r}\right)^2 = 6 \cdot (-4)^2 = 96$

よって，$S_n = \dfrac{96\left\{1 - \left(-\dfrac{1}{4}\right)^n\right\}}{1 - \left(-\dfrac{1}{4}\right)} = 96 \cdot \dfrac{4}{5}\left\{1 - \left(-\dfrac{1}{4}\right)^n\right\} = \underline{\dfrac{384}{5}\left\{1 - \left(-\dfrac{1}{4}\right)^n\right\}}$ 答

1 (1)
$$S_n = \sum_{k=1}^{n} a_k = \sum_{k=1}^{n} (k^2+7)$$
$$= \frac{1}{6}n(n+1)(2n+1)+7n$$
$$= \frac{1}{6}n\{(n+1)(2n+1)+42\}$$
$$= \frac{1}{6}n(2n^2+3n+43) \text{ 答}$$

(2) $S(n) = 1^2\cdot2+2^2\cdot3+3^2\cdot4+\cdots\cdots+n^2\cdot(n+1)$
$$= \sum_{k=1}^{n} k^2(k+1) = \sum_{k=1}^{n}(k^3+k^2)$$
$$= \left\{\frac{1}{2}n(n+1)\right\}^2 + \frac{1}{6}n(n+1)(2n+1)$$
$$= \frac{1}{12}n(n+1)\{3n(n+1)+2(2n+1)\}$$
$$= \frac{1}{12}n(n+1)(3n^2+7n+2)$$
$$= \frac{1}{12}n(n+1)(n+2)(3n+1)$$

よって，$\dfrac{S(14)}{S(5)} = \dfrac{\frac{1}{12}\cdot14\cdot15\cdot16\cdot43}{\frac{1}{12}\cdot5\cdot6\cdot7\cdot16} = \underline{43}$ 答

(3) $\displaystyle\sum_{k=1}^{n}(n-k)k = \sum_{k=1}^{n}(nk-k^2)$ ← $(n-1)\cdot1+(n-2)\cdot2+(n-3)\cdot3+\cdots\cdots+1\cdot(n-1)+0\cdot n$
$$= n\sum_{k=1}^{n}k - \sum_{k=1}^{n}k^2$$
$$= n\cdot\frac{1}{2}n(n+1) - \frac{1}{6}n(n+1)(2n+1)$$
$$= \frac{1}{6}n(n+1)\{3n-(2n+1)\}$$
$$= \frac{1}{6}n(n+1)(n-1) \text{ 答}$$

(4) $n\geqq2$ のとき
$$\sum_{k=1}^{n-1}(k^2+2k) = \sum_{k=1}^{n-1}k^2 + 2\sum_{k=1}^{n-1}k$$
$$= \frac{1}{6}(n-1)\{(n-1)+1\}\{2(n-1)+1\}+2\cdot\frac{1}{2}(n-1)\{(n-1)+1\}$$
↑和の公式の n を $n-1$ に置き換える
$$= \frac{1}{6}(n-1)n(2n-1)+2\cdot\frac{1}{2}(n-1)n$$
$$= \frac{1}{6}(n-1)n\{(2n-1)+6\}$$
$$= \frac{1}{6}n(n-1)(2n+5) \text{ 答}$$

⑸ $n \geqq 2$ のとき

$$\sum_{k=n}^{2n}(6k^2+4k)$$

$$=\sum_{k=1}^{2n}(6k^2+4k)-\sum_{k=1}^{n-1}(6k^2+4k)$$

$$=6\cdot\frac{1}{6}\cdot2n(2n+1)(2\cdot2n+1)+4\cdot\frac{1}{2}\cdot2n(2n+1)$$

$$\quad-6\cdot\frac{1}{6}(n-1)\{(n-1)+1\}\{2(n-1)+1\}-4\cdot\frac{1}{2}(n-1)\{(n-1)+1\}$$

$$=2n(2n+1)(4n+1)+4n(2n+1)-(n-1)n(2n-1)-2(n-1)n$$

$$=n\{16n^2+12n+2+(8n+4)-(2n^2-3n+1)-(2n-2)\}$$

$$=n(14n^2+21n+7)$$

$$=7n(2n^2+3n+1)$$

$$=\underline{7n(n+1)(2n+1)}\ 答$$

〔別解〕 n を自然数とするとき，$S(n)=\sum_{k=1}^{n}(6k^2+4k)$ とおくと

$$S(n)=6\cdot\frac{1}{6}n(n+1)(2n+1)+4\cdot\frac{1}{2}n(n+1)$$

$$\qquad=n(n+1)(2n+3)$$

$n \geqq 2$ のとき，求める和は

$$S(2n)-S(n-1)=2n(2n+1)(2\cdot2n+3)-(n-1)\{(n-1)+1\}\{2(n-1)+3\}$$

$$\qquad\qquad=2n(2n+1)(4n+3)-(n-1)n(2n+1)$$

$$\qquad\qquad=n(2n+1)\{2(4n+3)-(n-1)\}$$

$$\qquad\qquad=\underline{7n(n+1)(2n+1)}\ 答$$

40 いろいろな数列の和

1 (1) $a_1 = S_1 = 4^1 - 1 = 3$

$n \geqq 2$ のとき

$$a_n = S_n - S_{n-1}$$
$$= (4^n - 1) - (4^{n-1} - 1) = 4^{n-1}(4 - 1)$$
$$= 3 \cdot 4^{n-1} \quad \cdots\cdots ①$$

①で $n = 1$ とすると $a_1 = 3$ が得られるので，①は $n = 1$ のときも成り立つ。

したがって，一般項は $\underline{a_n = 3 \cdot 4^{n-1}}$ 答

(2) $a_1 = S_1 = 1^3 + 3 \cdot 1^2 + 2 \cdot 1 = 6$

$n \geqq 2$ のとき

$$a_n = S_n - S_{n-1}$$
$$= n^3 + 3n^2 + 2n - \{(n-1)^3 + 3(n-1)^2 + 2(n-1)\}$$
$$= 3n^2 + 3n \quad \cdots\cdots ①$$

①で $n = 1$ とすると $a_1 = 6$ が得られるので，①は $n = 1$ のときも成り立つ。

したがって，一般項は $\underline{a_n = 3n^2 + 3n}$ 答

POINT 数列の和と一般項

数列 $\{a_n\}$ の初項から第 n 項までの和が S_n であるときの一般項の求め方

[Ⅰ] $a_1 = S_1$

[Ⅱ] $n \geqq 2$ のとき
$$a_n = S_n - S_{n-1} \quad \cdots\cdots ①$$

[Ⅲ] ①が $n = 1$ のときも成り立つかどうかを確認する。

2 (1) $S = \dfrac{1}{1 \cdot 2 \cdot 3} + \dfrac{1}{2 \cdot 3 \cdot 4} + \dfrac{1}{3 \cdot 4 \cdot 5} + \cdots\cdots + \dfrac{1}{19 \cdot 20 \cdot 21} + \dfrac{1}{20 \cdot 21 \cdot 22}$

$$= \dfrac{1}{2}\left\{\left(\dfrac{1}{1 \cdot 2} - \dfrac{1}{2 \cdot 3}\right) + \left(\dfrac{1}{2 \cdot 3} - \dfrac{1}{3 \cdot 4}\right) + \cdots\cdots + \left(\dfrac{1}{19 \cdot 20} - \dfrac{1}{20 \cdot 21}\right) + \left(\dfrac{1}{20 \cdot 21} - \dfrac{1}{21 \cdot 22}\right)\right\}$$

$$= \dfrac{1}{2}\left(\dfrac{1}{1 \cdot 2} - \dfrac{1}{21 \cdot 22}\right) = \underline{\dfrac{115}{462}}$$ 答

POINT いろいろな数列の和

(1) 一般項が $f(n+1) - f(n)$ の形のときの和は，書き並べたとき途中の項が次々に消えることを利用して求める。

(2) 一般項が $n \cdot r^{n-1}$ の形のときの和は，和を S とおいて $S - rS$ の計算を利用する。

(2) $S = \dfrac{1}{1 \cdot 3} + \dfrac{1}{2 \cdot 4} + \dfrac{1}{3 \cdot 5} + \cdots\cdots + \dfrac{1}{(n-1)(n+1)} + \dfrac{1}{n(n+2)}$

$$= \dfrac{1}{2}\left\{\left(\dfrac{1}{1} - \dfrac{1}{3}\right) + \left(\dfrac{1}{2} - \dfrac{1}{4}\right) + \left(\dfrac{1}{3} - \dfrac{1}{5}\right) + \cdots\cdots + \left(\dfrac{1}{n-2} - \dfrac{1}{n}\right) + \left(\dfrac{1}{n-1} - \dfrac{1}{n+1}\right) + \left(\dfrac{1}{n} - \dfrac{1}{n+2}\right)\right\}$$

$$= \dfrac{1}{2}\left(\dfrac{1}{1} + \dfrac{1}{2} - \dfrac{1}{n+1} - \dfrac{1}{n+2}\right) = \dfrac{1}{2} \cdot \dfrac{3(n+1)(n+2) - 2(2n+3)}{2(n+1)(n+2)} = \underline{\dfrac{n(3n+5)}{4(n+1)(n+2)}}$$ 答

(3) 求める和を S とおき，$S - 4S$ を計算する。

$$S = 4 \cdot 1 + 7 \cdot 4 + 10 \cdot 4^2 + 13 \cdot 4^3 + \cdots\cdots + (3n+1) \cdot 4^{n-1}$$
$$\underline{-)\ 4S = \qquad\quad 4 \cdot 4 + 7 \cdot 4^2 + 10 \cdot 4^3 + \cdots\cdots + (3n-2) \cdot 4^{n-1} + (3n+1) \cdot 4^n}$$
$$-3S = 4 + (3 \cdot 4 + 3 \cdot 4^2 + 3 \cdot 4^3 + \cdots\cdots + 3 \cdot 4^{n-1}) - (3n+1) \cdot 4^n$$

$$= 4 + \dfrac{3 \cdot 4 \cdot (4^{n-1} - 1)}{4 - 1} - (3n+1) \cdot 4^n \quad \longleftarrow \text{等比数列の和の部分は} \atop \text{初項} 3 \cdot 4,\ \text{項数} n-1$$

$$= 4 + 4^n - 4 - (3n+1) \cdot 4^n = -3n \cdot 4^n$$

したがって，$\underline{S = n \cdot 4^n}$ 答

41　漸化式

1 (1) $a_{n+1}-a_n=6n$

数列 $\{a_n\}$ の階差数列の第 n 項が $6n$ であるから，$n\geqq 2$ のとき

$$a_n=a_1+\sum_{k=1}^{n-1}6k \quad \leftarrow \sum_{k=1}^{n}k=\frac{1}{2}n(n+1)$$
で n を $n-1$ に置き換える

$$=2+6\cdot\frac{1}{2}(n-1)n$$

$$=3n^2-3n+2$$

初項は $a_1=2$ なので，この式は $n=1$ のときにも成り立つ。

したがって，一般項は $\underline{a_n=3n^2-3n+2}$ 答

〔参考〕　漸化式の表す内容を右のように $(n-1)$ 個の式の形で
具体的に書き，これらの和を考えると

$$a_n-a_1=\sum_{k=1}^{n-1}6k$$

となることがわかる。

> **POINT**　階差数列と一般項
>
> $a_{n+1}-a_n=b_n$ とすると
> $n\geqq 2$ のとき
>
> $$a_n=a_1+\sum_{k=1}^{n-1}b_k$$

$$\begin{aligned}
a_2-a_1&=6\cdot 1\\
a_3-a_2&=6\cdot 2\\
a_4-a_3&=6\cdot 3\\
&\vdots\\
a_{n-1}-a_{n-2}&=6(n-2)\\
+)\quad a_n-a_{n-1}&=6(n-1)\\
\hline
a_n-a_1&=\sum_{k=1}^{n-1}6k
\end{aligned}$$

(2) $a_{n+1}-a_n=2\cdot 3^{n-1}$

数列 $\{a_n\}$ の階差数列の第 n 項が $2\cdot 3^{n-1}$ であるから，$n\geqq 2$ のとき

$$a_n=a_1+\sum_{k=1}^{n-1}2\cdot 3^{k-1} \quad \leftarrow \sum_{k=1}^{n-1}2\cdot 3^{k-1}\ \text{は，初項}\ 2,\ \text{公比}\ 3,\ \text{項数}\ n-1\ \text{の等比数列の和}$$

$$=3+\frac{2(3^{n-1}-1)}{3-1}$$

$$=3^{n-1}+2$$

初項は $a_1=3$ なので，この式は $n=1$ のときにも成り立つ。

したがって，一般項は $\underline{a_n=3^{n-1}+2}$ 答

(3) $a_{n+1}=3a_n-4$ を $a_{n+1}-c=3(a_n-c)$ の形に変形する。

$a_{n+1}=3a_n-2c$ より　$-2c=-4$ ← 漸化式の定数部分を比較する

$c=2$ から　$a_{n+1}-2=3(a_n-2)$

$b_n=a_n-2$ とおくと

$$b_{n+1}=3b_n,\ b_1=a_1-2=3-2=1$$

数列 $\{b_n\}$ は初項 1，公比 3 の等比数列で

$$b_n=1\cdot 3^{n-1}=3^{n-1}$$

$a_n=b_n+2$ であるから，数列 $\{a_n\}$ の一般項は

$$\underline{a_n=3^{n-1}+2}\ 答$$

> **POINT**　$a_{n+1}=pa_n+q\ (p\neq 1)$
> の一般項
>
> $a_{n+1}-c=p(a_n-c)$ と変形する。
>
> $b_n=a_n-c$ とおくと
> $$b_{n+1}=pb_n,\ b_1=a_1-c$$
> $b_n=b_1\cdot p^{n-1}$ より
> $$a_n=(a_1-c)\cdot p^{n-1}+c$$

〔参考〕　$a_{n+1}=3a_n-4$ ……① とする。

$a_1=3$ のとき，①より

$$a_2=3a_1-4=3\cdot 3-4=5$$

よって，$a_2-a_1=5-3=2$ ……②

また，①より $a_{n+2}=3a_{n+1}-4$ ……③ が成り立ち，③－① から，

$a_{n+2}-a_{n+1}=3(a_{n+1}-a_n)$ ……④

$d_n=a_{n+1}-a_n$ とおくと，④は $d_{n+1}=3d_n$ と表される。

$$\begin{array}{r} a_{n+2}=3a_{n+1}\ -4 \\ -)\quad a_{n+1}=3a_n\ -4 \\ \hline a_{n+2}-a_{n+1}=3(a_{n+1}-a_n) \end{array}$$

②より $d_1=2$ であり，数列 $\{d_n\}$ は初項 2，公比 3 の等比数列で

$$d_n=2\cdot 3^{n-1}$$

よって，数列 $\{a_n\}$ は，$a_1=3$，$a_{n+1}-a_n=2\cdot 3^{n-1}$ ……⑤ を満たしており，(2)の解答のようにして一般項 $a_n=3^{n-1}+2$ を求めることができる。あるいは，①と⑤から a_{n+1} を連立方程式を解く要領で消去して，$a_n=3^{n-1}+2$ を求めることもできる。

なお，④の漸化式は $a_{n+2}=4a_{n+1}-3a_n$ と表すことができる。ここでは $a_1=3$，$a_2=5$ のときのこの漸化式の一般項を求めたものと考えることもできる。a_{n+2}，a_{n+1}，a_n の隣接する 3 項間の漸化式では，$a_{n+2}-a_{n+1}$ と $a_{n+1}-a_n$ の関係に注目し，$a_{n+2}-a_{n+1}=p(a_{n+1}-a_n)$ の形（p は定数）に変形することで，階差数列の漸化式を利用して一般項を求めることができる場合がある。

(4) $a_{n+1}=\dfrac{1}{3}a_n-\dfrac{2}{3}$ を $a_{n+1}-c=\dfrac{1}{3}(a_n-c)$ の形に変形する。

$a_{n+1}=\dfrac{1}{3}a_n+\dfrac{2}{3}c$ より $\dfrac{2}{3}c=-\dfrac{2}{3}$

$c=-1$ から $a_{n+1}+1=\dfrac{1}{3}(a_n+1)$

$b_n=a_n+1$ とおくと

$b_{n+1}=\dfrac{1}{3}b_n$，$b_1=a_1+1=1+1=2$

数列 $\{b_n\}$ は初項 2，公比 $\dfrac{1}{3}$ の等比数列で

$$b_n=2\cdot\left(\dfrac{1}{3}\right)^{n-1}$$

$a_n=b_n-1$ であるから，数列 $\{a_n\}$ の一般項は $\underline{a_n=2\cdot\left(\dfrac{1}{3}\right)^{n-1}-1}$ 答

(5) $b_n=\dfrac{1}{a_n}$ とおくと，$b_1=\dfrac{1}{a_1}=4$，$b_{n+1}-b_n=2n+3$

数列 $\{b_n\}$ の階差数列の第 n 項が $2n+3$ であるから，$n\geqq 2$ のとき

$b_n=b_1+\displaystyle\sum_{k=1}^{n-1}(2k+3)=4+2\cdot\dfrac{1}{2}(n-1)n+3(n-1)$

$\quad =n^2+2n+1=(n+1)^2$

数列 $\{b_n\}$ の初項は $b_1=4$ なので，この式は $n=1$ のときにも成り立つ。

よって，数列 $\{b_n\}$ の一般項は $b_n=(n+1)^2$

したがって，$a_n=\dfrac{1}{b_n}$ から，数列 $\{a_n\}$ の一般項は $\underline{a_n=\dfrac{1}{(n+1)^2}}$ 答

42 確率変数の期待値と分散

1 (1) $E(X)=1\cdot\dfrac{1}{4}+2\cdot\dfrac{1}{2}+3\cdot\dfrac{1}{4}=2$ 答

$$V(X)=(1-2)^2\cdot\dfrac{1}{4}+(2-2)^2\cdot\dfrac{1}{2}+(3-2)^2\cdot\dfrac{1}{4}$$

$$=1\cdot\dfrac{1}{4}+0\cdot\dfrac{1}{2}+1\cdot\dfrac{1}{4}=\dfrac{1}{2}$$ 答

標準偏差は $\sigma(X)=\sqrt{V(X)}=\sqrt{\dfrac{1}{2}}=\dfrac{\sqrt{2}}{2}$ 答

【別解】 $E(X^2)=1^2\cdot\dfrac{1}{4}+2^2\cdot\dfrac{1}{2}+3^2\cdot\dfrac{1}{4}=\dfrac{9}{2}$ より

$$V(X)=E(X^2)-\{E(X)\}^2=\dfrac{9}{2}-2^2=\dfrac{1}{2}$$ 答

> **POINT** 期待値，分散，標準偏差
>
> (1) 期待値 $m=E(X)$
> $\quad =x_1p_1+x_2p_2+\cdots+x_np_n$
> (2) 分散 $V(X)$
> $\quad =(x_1-m)^2p_1+(x_2-m)^2p_2+\cdots$
> $\quad\quad +(x_n-m)^2p_n$
> (3) $V(X)=E(X^2)-\{E(X)\}^2$
> (4) 標準偏差 $\sigma(X)=\sqrt{V(X)}$

(2) X の確率分布は右のようになる。

$$E(X)=0\cdot\dfrac{1}{8}+1\cdot\dfrac{3}{8}+2\cdot\dfrac{3}{8}+3\cdot\dfrac{1}{8}=\dfrac{3}{2}$$ 答

X	0	1	2	3	計
$P(X)$	$\dfrac{1}{8}$	$\dfrac{3}{8}$	$\dfrac{3}{8}$	$\dfrac{1}{8}$	1

$E(X^2)=0^2\cdot\dfrac{1}{8}+1^2\cdot\dfrac{3}{8}+2^2\cdot\dfrac{3}{8}+3^2\cdot\dfrac{1}{8}=3$ より $\qquad V(X)=E(X^2)-\{E(X)\}^2=3-\left(\dfrac{3}{2}\right)^2=\dfrac{3}{4}$

よって，$\sigma(X)=\sqrt{V(X)}=\sqrt{\dfrac{3}{4}}=\dfrac{\sqrt{3}}{2}$ 答

〔参考〕 確率変数 X が二項分布 $B(n,\ p)$ に従うとき $E(X)=np$，$V(X)=np(1-p)$ である。この問題では，X は $B\left(3,\ \dfrac{1}{2}\right)$ に従うので，$E(X)=3\cdot\dfrac{1}{2}$，$V(X)=3\cdot\dfrac{1}{2}\cdot\left(1-\dfrac{1}{2}\right)$ となる。

2 (1) $E(Y)=E(-3X+1)=-3E(X)+1$
$\qquad\qquad =-3\cdot4+1=-11$ 答

X の分散は $V(X)=\{\sigma(X)\}^2=2^2=4$
$\qquad V(Y)=V(-3X+1)=(-3)^2V(X)=9\cdot4=36$ 答
$\qquad \sigma(Y)=\sqrt{V(Y)}=\sqrt{36}=6$ 答

> **POINT** 確率変数の期待値・分散
>
> 定数 a，b に対して
> $\quad E(aX+b)=aE(X)+b$
> $\quad V(aX+b)=a^2V(X)$
> $\quad \sigma(aX+b)=|a|\sigma(X)$

(2) $E(Y)=E(aX+b)=aE(X)+b$ から $0=a\cdot5+b$ となり，
$5a+b=0$ ……①

$\sigma(Y)=\sigma(aX+b)=|a|\sigma(X)$ から $1=|a|\cdot3$ となり，$a>0$ から $3a=1$ ……②

①，②を解いて $a=\dfrac{1}{3}$，$b=-\dfrac{5}{3}$ 答

〔参考〕 $Y=\dfrac{1}{3}X-\dfrac{5}{3}$ から $Y=\dfrac{X-5}{3}$ と表すことができる。一般に，確率変数 X の期待値が m，標準偏差が σ であるとき，確率変数 $\dfrac{X-m}{\sigma}$ の期待値は 0，標準偏差は 1 となる。

(3) $V(X)=\{\sigma(X)\}^2=\left(\dfrac{\sqrt{105}}{6}\right)^2=\dfrac{35}{12}$，同様に $V(Y)=\dfrac{35}{12}$

確率変数 X と確率変数 Y は独立であるので，$V(X+Y)=V(X)+V(Y)=\dfrac{35}{12}+\dfrac{35}{12}=\dfrac{35}{6}$

よって，$\sigma(X+Y)=\sqrt{V(X+Y)}=\sqrt{\dfrac{35}{6}}=\dfrac{\sqrt{210}}{6}$ 答

43 | 正規分布

1 (1) 正規分布 $N(132, 5^2)$ に従う確率変数を X とすると,

$Z=\dfrac{X-132}{5}$ は $N(0, 1)$ に従う。

$P(130 \leqq X \leqq 134)$

$=P\left(\dfrac{130-132}{5} \leqq Z \leqq \dfrac{134-132}{5}\right)$

$=P(-0.4 \leqq Z \leqq 0.4)$

$=P(-0.4 \leqq Z \leqq 0)+P(0 \leqq Z \leqq 0.4)$

$=P(0 \leqq Z \leqq 0.4) \times 2$

$=0.1554 \times 2 = 0.3108$

よって,およそ <u>31 %</u> 答

(2) 正規分布 $N(40, 4^2)$ に従う確率変数を X とすると,

$Z=\dfrac{X-40}{4}$ は $N(0, 1)$ に従う。　←$\sigma^2=16$ から標準偏差は 4

$P(X \geqq 33)=P\left(Z \geqq \dfrac{33-40}{4}\right)=P(Z \geqq -1.75)$

$=P(-1.75 \leqq Z \leqq 0)+P(Z \geqq 0)$　←$P(Z \geqq 0)=0.5$

$=P(0 \leqq Z \leqq 1.75)+0.5$　←$P(-1.75 \leqq Z \leqq 0)=P(0 \leqq Z \leqq 1.75)$

$=0.4599+0.5=0.9599$

よって,およそ <u>96 %</u> 答

〔参考〕 確率変数 Z が標準正規分布に従うとき,$P(0 \leqq Z \leqq z_0)=a$ を用いて

$P(-z_0 \leqq Z \leqq 0)=a$,$P(Z \geqq z_0)=P(Z \geqq 0)-P(0 \leqq Z \leqq z_0)=0.5-a$,

$P(Z \geqq -z_0)=P(-z_0 \leqq Z \leqq 0)+P(Z \geqq 0)=a+0.5$ などと表すことができる。

2 (1) 標本平均 $\overline{X}$ の分布は $N\left(70, \dfrac{20^2}{100}\right)$ とみなすことがで

き,$Z=\dfrac{\overline{X}-70}{\dfrac{20}{\sqrt{100}}}$ の分布は $N(0, 1)$ とみなせる。

$P(71 \leqq \overline{X} \leqq 73)=P\left(\dfrac{71-70}{\dfrac{20}{\sqrt{100}}} \leqq Z \leqq \dfrac{73-70}{\dfrac{20}{\sqrt{100}}}\right)$

$=P(0.5 \leqq Z \leqq 1.5)$

$=P(0 \leqq Z \leqq 1.5)-P(0 \leqq Z \leqq 0.5)$

$=0.4332-0.1915=\underline{0.2417}$ 答

(2) $\overline{X}-1.96 \cdot \dfrac{s}{\sqrt{n}} \leqq m \leqq \overline{X}+1.96 \cdot \dfrac{s}{\sqrt{n}}$ から

$172-1.96 \times \dfrac{6.0}{\sqrt{144}} \leqq m \leqq 172+1.96 \times \dfrac{6.0}{\sqrt{144}}$

$171.02 \leqq m \leqq 172.98$

よって,<u>171.02 g 以上 172.98 g 以下</u> 答

POINT 正規分布と標準化

(1) 確率変数 X が平均 m,標準偏差 σ の正規分布に従うとき $N(m, \sigma^2)$ と表す。

(2) $Z=\dfrac{X-m}{\sigma}$ と変換すると Z は $N(0, 1)$(標準正規分布)に従う。

(3) 計算に必要な確率 $P(0 \leqq Z \leqq z_0)$ の値を正規分布表から読み取る。

POINT 標本平均 $\overline{X}$ の分布

標本平均 $\overline{X}$ の分布は n が大きければ $N\left(m, \dfrac{\sigma^2}{n}\right)$ とみなせる。

$Z=\dfrac{\overline{X}-m}{\dfrac{\sigma}{\sqrt{n}}}$ の分布は $N(0, 1)$ とみなせる。

POINT 母平均 m の推定

標本の大きさ n が十分に大きいとき,母平均 m に対する信頼度 95 % の信頼区間は

$\overline{X}-1.96 \cdot \dfrac{\sigma}{\sqrt{n}} \leqq m \leqq \overline{X}+1.96 \cdot \dfrac{\sigma}{\sqrt{n}}$

(σ が不明のとき,標本の標準偏差 s で代用)

44　ベクトルの成分表示

1 (1)　$\vec{a}=(2,\ 1),\ \vec{b}=(3,\ -1)$ のとき

$$|\vec{a}|=\sqrt{2^2+1^2}=\sqrt{5}$$

$$|\vec{b}|=\sqrt{3^2+(-1)^2}=\sqrt{10}$$

$$\vec{a}\cdot\vec{b}=2\cdot3+1\cdot(-1)=5$$

$\vec{a}\cdot\vec{b}=|\vec{a}||\vec{b}|\cos\theta$ より　$5=\sqrt{5}\cdot\sqrt{10}\cos\theta$

よって　$\cos\theta=\dfrac{1}{\sqrt{2}}$　　$0°\leqq\theta\leqq180°$ から　<u>$\theta=45°$</u> 答

(2)　$\overrightarrow{AB}=(0,\ 2,\ 0)-(1,\ 0,\ 0)=(-1,\ 2,\ 0)$,

$\overrightarrow{AC}=(0,\ 0,\ 3)-(1,\ 0,\ 0)=(-1,\ 0,\ 3)$ より

$$|\overrightarrow{AB}|=\sqrt{(-1)^2+2^2+0^2}=\sqrt{5}$$

$$|\overrightarrow{AC}|=\sqrt{(-1)^2+0^2+3^2}=\sqrt{10}$$

$$\overrightarrow{AB}\cdot\overrightarrow{AC}=(-1)\cdot(-1)+2\cdot0+0\cdot3=1$$

$\overrightarrow{AB}\cdot\overrightarrow{AC}=|\overrightarrow{AB}||\overrightarrow{AC}|\cos\theta$ より　$1=\sqrt{5}\cdot\sqrt{10}\cos\theta$

よって　<u>$\cos\theta=\dfrac{\sqrt{2}}{10}$</u> 答

2 (1)　3点 A, B, C が一直線上にあるとき，$\overrightarrow{AC}=k\overrightarrow{AB}$ となる実数 k がある。

$\overrightarrow{AB}=(-2,\ 2,\ 1),\ \overrightarrow{AC}=\left(a-1,\ b,\ -\dfrac{1}{2}\right)$ より

$$\left(a-1,\ b,\ -\dfrac{1}{2}\right)=k(-2,\ 2,\ 1)=(-2k,\ 2k,\ k)$$

となるから　$a-1=-2k$　……①，$b=2k$　……②，

$$-\dfrac{1}{2}=k\ ……③$$

よって　①，③から　<u>$a=2$</u> 答，②，③から　<u>$b=-1$</u> 答

(2)　$\vec{a}+t\vec{b}=(-7,\ 4)+t(2,\ -3)=(2t-7,\ -3t+4)$

$\vec{a}+\vec{b}=(-7,\ 4)+(2,\ -3)=(-5,\ 1)$

$(\vec{a}+t\vec{b})\perp(\vec{a}+\vec{b})$ であるから　$(\vec{a}+t\vec{b})\cdot(\vec{a}+\vec{b})=0$

$(2t-7)\cdot(-5)+(-3t+4)\cdot1=0$　　$-13t+39=0$ より　<u>$t=3$</u> 答

(3)　$\vec{p}=(x,\ y,\ z)$ とする。

$\vec{m}\perp\vec{p}$ であるから　$\vec{m}\cdot\vec{p}=0$　　$(-1)\cdot x+2\cdot y+0\cdot z=0$　　$-x+2y=0$　……①

$\vec{n}\perp\vec{p}$ であるから　$\vec{n}\cdot\vec{p}=0$　　$(-1)\cdot x+0\cdot y+3\cdot z=0$　　$-x+3z=0$　……②

$|\vec{p}|=7$ であるから　$|\vec{p}|^2=7^2$　　$x^2+y^2+z^2=49$　……③

①，②から　$y=\dfrac{x}{2},\ z=\dfrac{x}{3}$　　これらを③に代入して　$x^2+\left(\dfrac{x}{2}\right)^2+\left(\dfrac{x}{3}\right)^2=49$

$$\dfrac{49}{36}x^2=49\quad x^2=36\ \text{すなわち}\ x=\pm6$$

$x=6$ のとき　$y=3,\ z=2$　　$x=-6$ のとき　$y=-3,\ z=-2$

よって，<u>$\vec{p}=(6,\ 3,\ 2),\ (-6,\ -3,\ -2)$</u> 答

POINT　平面ベクトルの成分表示

$\vec{a}=(a_1,\ a_2),\ \vec{b}=(b_1,\ b_2),\ \vec{a}$ と $\vec{b}$ のなす角が θ のとき

大きさ　$|\vec{a}|=\sqrt{a_1{}^2+a_2{}^2}$

$\qquad\qquad|\vec{b}|=\sqrt{b_1{}^2+b_2{}^2}$

内積　$\vec{a}\cdot\vec{b}=a_1b_1+a_2b_2$

$\qquad\vec{a}\cdot\vec{b}=|\vec{a}||\vec{b}|\cos\theta$

POINT　空間ベクトルの成分表示

$\vec{a}=(a_1,\ a_2,\ a_3),\ \vec{b}=(b_1,\ b_2,\ b_3)$, $\vec{a}$ と $\vec{b}$ のなす角が θ のとき

大きさ　$|\vec{a}|=\sqrt{a_1{}^2+a_2{}^2+a_3{}^2}$

$\qquad\qquad|\vec{b}|=\sqrt{b_1{}^2+b_2{}^2+b_3{}^2}$

内積

$\qquad\vec{a}\cdot\vec{b}=a_1b_1+a_2b_2+a_3b_3$

$\qquad\vec{a}\cdot\vec{b}=|\vec{a}||\vec{b}|\cos\theta$

POINT　ベクトルの平行条件

$\vec{0}$ でない2つのベクトル $\vec{a},\ \vec{b}$ が平行のとき，$\vec{b}=k\vec{a}$ となる実数 k がある。

とくに，3点 A, B, C が一直線上にあるとき，$\overrightarrow{AC}=k\overrightarrow{AB}$ となる実数 k がある。

POINT　ベクトルの垂直条件

$\vec{0}$ でない2つのベクトル $\vec{a},\ \vec{b}$ が垂直のとき，$\vec{a}\cdot\vec{b}=0$

45 ベクトルの大きさと内積

1 (1) $|\vec{a}|=4$, $|\vec{b}|=2$

$$\vec{a}\cdot\vec{b}=|\vec{a}||\vec{b}|\cos 60°=4\cdot 2\cdot\frac{1}{2}=4$$

であるから

$$|\vec{a}+\vec{b}|^2=|\vec{a}|^2+2\vec{a}\cdot\vec{b}+|\vec{b}|^2$$
$$=4^2+2\cdot 4+2^2$$
$$=28$$

よって，$|\vec{a}+\vec{b}|=2\sqrt{7}$ 答

〔参考〕 この問題では，右の図の平行四辺形 OAPB におい
て，$\overrightarrow{OA}=\vec{a}$, $\overrightarrow{OB}=\vec{b}$ とおいたときの対角線 OP の長さを求
めたことになる。

> **POINT** ベクトルの内積
>
> $|\vec{a}|$, $|\vec{b}|$, $\vec{a}\cdot\vec{b}$ を用いた計算
> $$|p\vec{a}+q\vec{b}|^2$$
> $$=p^2|\vec{a}|^2+2pq\vec{a}\cdot\vec{b}+q^2|\vec{b}|^2$$

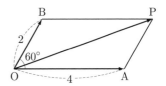

(2) $|\overrightarrow{OA}|=2\sqrt{2}$, $|\overrightarrow{OB}|=3$

$$\overrightarrow{OA}\cdot\overrightarrow{OB}=|\overrightarrow{OA}||\overrightarrow{OB}|\cos 45°=2\sqrt{2}\cdot 3\cdot\frac{1}{\sqrt{2}}=6$$

$$\left|\frac{\overrightarrow{OA}+2\overrightarrow{OB}}{3}\right|^2=\frac{|\overrightarrow{OA}|^2+4\overrightarrow{OA}\cdot\overrightarrow{OB}+4|\overrightarrow{OB}|^2}{9}$$

$$=\frac{(2\sqrt{2})^2+4\cdot 6+4\cdot 3^2}{9}$$

$$=\frac{68}{9}$$

よって，$\left|\dfrac{\overrightarrow{OA}+2\overrightarrow{OB}}{3}\right|=\dfrac{2\sqrt{17}}{3}$ 答

〔参考〕 この問題では，右の図の △OAB において，辺 AB
を 2：1 に内分する点を C としたときの線分 OC の長さを求
めたことになる。

なお，分点のベクトルについては，線分 AB を m：n に分

ける点を P とするとき $\overrightarrow{OP}=\dfrac{n\overrightarrow{OA}+m\overrightarrow{OB}}{m+n}$ である。

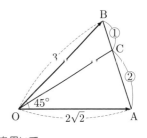

(3) $|\vec{a}+\vec{b}|^2=6^2$ から $|\vec{a}|^2+2\vec{a}\cdot\vec{b}+|\vec{b}|^2=36$ ……①
$|\vec{a}-\vec{b}|^2=2^2$ から $|\vec{a}|^2-2\vec{a}\cdot\vec{b}+|\vec{b}|^2=4$ ……②

← $|\vec{a}|$, $|\vec{b}|$, $\vec{a}\cdot\vec{b}$ を用いて
与えられた式の平方を書き直す

①−② から $4\vec{a}\cdot\vec{b}=32$ よって $\vec{a}\cdot\vec{b}=8$ 答
$|\vec{b}|=3$ であるので，①より $|\vec{a}|^2+2\cdot 8+3^2=36$
$|\vec{a}|^2=11$ となり $|\vec{a}|=\sqrt{11}$ 答

(4) $|\vec{a}+t\vec{b}|^2=|\vec{a}|^2+2t\vec{a}\cdot\vec{b}+t^2|\vec{b}|^2$
$$=(\sqrt{65})^2+2t\cdot(-26)+t^2(\sqrt{13})^2$$
$$=13t^2-52t+65$$
$$=13(t-2)^2+13$$

$|\vec{a}+t\vec{b}|^2$ が最小のとき $|\vec{a}+t\vec{b}|$ も最小となるので，$|\vec{a}+t\vec{b}|$ は $t=2$ のとき最小値 $\sqrt{13}$ 答 を
とる。

〔参考〕　$\overrightarrow{OA}=\vec{a}$, $\overrightarrow{OB}=\vec{b}$ のとき，$\overrightarrow{OP}=\vec{a}+t\vec{b}$ で定まる点
Pは，点Aを通り $\overrightarrow{OB}$ と平行な直線 l 上を動く。

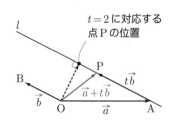

この問題では，右の図のような3点O，A，Bに対して，点
Oと直線 l との距離が最短となる点Pの位置を与える t の値
を求めたことになる。

なお，このときの点Pに対しては，$\overrightarrow{OP}\perp\overrightarrow{OB}$ でもあるた
め，次のように $\overrightarrow{OP}\cdot\overrightarrow{OB}=0$ から求めた t の値と一致する。

$(\vec{a}+t\vec{b})\cdot\vec{b}=0$ のとき　$\vec{a}\cdot\vec{b}+t|\vec{b}|^2=0$

$-26+13t=0$　よって　$t=2$

(5)　△ABC は，点Oを中心とする半径1の円に内接するので，
$|\overrightarrow{OA}|=1$，$|\overrightarrow{OB}|=1$，$|\overrightarrow{OC}|=1$ である。　← △ABC の外接円の半径が1

$5\overrightarrow{OA}+3\overrightarrow{OB}+4\overrightarrow{OC}=\vec{0}$ のとき

$$\overrightarrow{OC}=-\frac{5\overrightarrow{OA}+3\overrightarrow{OB}}{4}$$

$|\overrightarrow{OC}|^2=1^2$ より　$\left|-\dfrac{5\overrightarrow{OA}+3\overrightarrow{OB}}{4}\right|^2=1$

$$\frac{25|\overrightarrow{OA}|^2+30\overrightarrow{OA}\cdot\overrightarrow{OB}+9|\overrightarrow{OB}|^2}{16}=1$$

$$25\cdot1^2+30\overrightarrow{OA}\cdot\overrightarrow{OB}+9\cdot1^2=16$$

$$\overrightarrow{OA}\cdot\overrightarrow{OB}=-\frac{3}{5}　\text{答}$$

〔参考〕　$\overrightarrow{OC}=-\dfrac{5\overrightarrow{OA}+3\overrightarrow{OB}}{4}=-2\cdot\dfrac{5\overrightarrow{OA}+3\overrightarrow{OB}}{8}$ と変形し，

$\overrightarrow{OD}=\dfrac{5\overrightarrow{OA}+3\overrightarrow{OB}}{8}$ とおくと，点Dは辺 AB を 3：5 に内分す

る点となる。

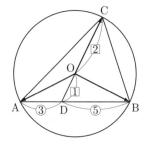

$\overrightarrow{OC}=-2\overrightarrow{OD}$ であるので，右の図のように

CO：OD＝2：1 となることがわかる。

年　　　　組　　　　番　名前